주거복지론

안옥희 지음

신정

머리말

우리나라는 세계에서 가장 빠른 속도로 경제발전을 이루어, 2019년 1인당 국민총소득은 3만 달러 이상으로 세계 14위이다. 그러나 2017년 상대적 빈곤율(중위소득의 50% 미만의 인구비중)은 0.174로 세계 2위이며, 2018년 삶의 만족도는 5.9점(10점)에 불과하다. 즉 경제적 상태는 부유해졌지만 국민이 느끼는 행복수준은 그리 높지 않다. 그 이유는 무엇일까?

인생의 궁극적인 목표는 행복이다. 어떻게 사는 것이 행복한 삶일까?

행복이란 주관적인 안녕감으로, 특별한 사건이 없는 편안한 상태이며 순간적인 감정이 아니라 장기간 지속되는 기분이다. 대체로 일상에서 정신적, 신체적, 경제적, 사회적 상태로부터 행복감을 느끼는 것이 행복한 삶의 기본조건이라고 생각한다. 하버드대학교에서 75년 동안 700여 명의 인생을 추적하여 행복의 조건으로 밝힌 것은 '좋은 관계'이다. 그러니 '행복은 주관적인 안녕감이면서 좋은 관계를 가짐으로써 유지되는 것'으로 볼 수 있다.

한편, 복지도 행복을 의미한다. 즉 공적 부조나 서비스에 의한 생활의 안정과 충족이 복지이며, 이것이 바로 행복인 것이다. 그저 생존조건을 갖추는 것만으로 행복한 삶이라고 할 수는 없다.

행복한 삶을 위한 전제조건으로 인간다운 삶을 들 수 있다. 인간다운 삶을 영위할 때에 안녕감을 느낄 수 있기 때문이다. 생활의 기본조건은 의식주(衣食住)이며, 의식주생활을 함에 있어 불편함을 느끼지 않아야 한다. 그러나 개인의 경제적 수준으로 불편하지 않는 주거환경을 확보하기 힘든 경우가 많다. 따라서 주거분야에서는 공적 부조나 서비스의 필요성이 매우 크다.

우리나라에서는 2000년대부터 주거복지에 관한 관심을 가지기 시작하여, 2015년에 주거기본법을 제정하면서 본격적으로 주거복지를 삶의 기본적인 조건으로 다루기 시작하였다. 즉 주거복지에 대한 필요성과 요구에 비해 아직 관련 지식과 기술의 축적이 미흡한 실정이다.

본 저자는 30여 년간 대학에서 주거학분야의 교육 및 연구를 하였으며, 영구임대주택 등 공공임대주택의 운용관리를 하는 주택관리공단의 사장을 역임한 경험을 토대로 주거복지의 기본적인 지식과 기술을 엮은 저서 출간하고자 한다.

본 책은 행복한 삶을 위한 주거복지에 필요한 전문지식을 이해할 수 있도록 구성하였다. 총 7장으로 구성하였으며, 주거와 가족의 이해, 주거복지의 기초, 주거실태와 평가, 주거복지 정책과 법, 주거복지제도, 복지적 관점의 주거환경 조성, 주거서비스에 대한 내용이다.

본 책의 내용을 서술함에 있어 가능한 최신의 정보를 활용하고, 사례를 들어 쉬운 용어로 서술하고자 노력하였다. 그럼에도 불구하고 미흡한 부분은 계속 수정, 보완할 예정이다.

본 책은 많은 선임 연구자들의 업적을 바탕으로 이루어진 것이다. 참고 및 인용한 원자료 저자들의 높은 업적에 경의를 표한다. 특히 (사)한국주거학회 주거복지사 자격검정사업단의 자료를 많이 활용하였음을 밝힌다. 그리고 기꺼이 출판을 허락하신 신정출판사의 최용구 대표님과 편집부에 감사드리며, 연구실의 제자와 가족에게도 사랑을 보낸다.

2021년 3월

안옥희

차례

CHAPTER

01 주거와 가족의 이해

1. 주거의 기초
2. 가족과 주거
3. 주택과 용도지역

1. 주거의 기초

1) 주거의 의미와 기능

주거(住居)는 공간과 그 속에서 행하는 행위를 포함한다. 즉 주거는 생활공간과 거주지 등 물리적인 공간과 그 속에서 이루어지는 개인 및 가족생활, 이웃과 함께 하는 근린생활과 공동체로서의 지역생활 등 사회인구학적인 범위를 함께 포함하는 생활의 장소이다. 다시 말하면 주택은 건물 자체를 말하는 것이고, 주거(dwelling)는 주택(house)과 그 속에서 행하는 주생활(housing life)을 모두 포함하는 것이다. 이때 주택은 주거용 건물은 물론이고 거주지와 지역시설까지 포함하며, 주생활은 개인생활은 물론이고 가족생활, 근린생활과 지역사회에서의 생활까지 포함한다.

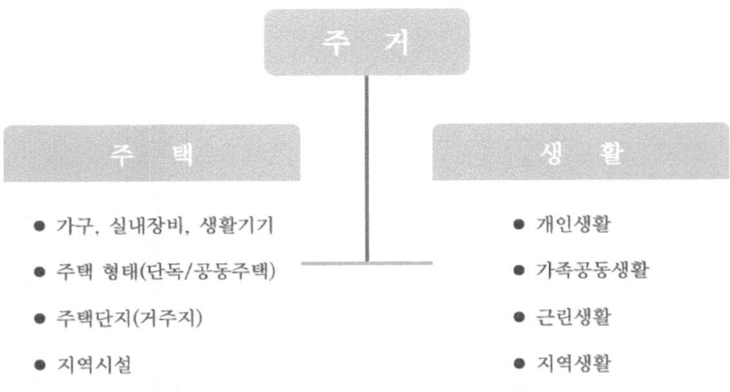

그림 1-1 ▌ 주거의 의미

한편, 주거와 비슷한 용어로 거처(居處)를 사용하기도 한다. 거처란 사람이 일정하게 자리를 잡고 사는 모든 장소를 말한다. 구조적으로 분리되고 독립된 하나의 거주단위를 뜻하며 주택과 주택 이외의 거처로 구분된다. 주택은 단독주책과 공동주택이 있으며, 주택 이외의 거처는 오피스텔, 호텔·여관 등 숙박업소의 객실, 기숙사 및 특수사회시설, 판잣집, 비닐하우스, 쪽방, 고시원 등이 속한다.

주거의 기능은 쾌적한 주생활을 할 수 있도록 하는 것이다. 이를 위해서는 보호기능, 가족생활의 장소기능, 생업의 장소기능, 자아실현의 기능 등이 요구된다.

① 보호기능

원시시대에는 비바람이나 맹수로부터 안전하게 피신하기 위한 보호기능이 주거의 기능 중 가장 중요하였다. 오늘날의 주거는 이러한 신체적인 안전뿐만 아니라 심리적으로도 편안하고 보호받는 느낌을 주어야 한다. 이를 위하여 구조적으로 안전하고 풍수해, 화재나 도난 등 각종 재난으로부터 가족생활을 보호하는 기능이 요구된다.

② 가족생활의 장소기능

가족과 단란하게 생활하고, 행복한 부부생활을 유지하기 위하여 쾌적한 주거환경이 요구된다. 그리고 자녀를 양육하고 가풍을 전승하는 교육의 장소, 가족이 편안하게 생활하는데 필요한 식사와 의복을 제공하는 장소, 주거공간에서 편안하게 휴식함으로써 에너지를 재충전할 수 있는 기능이 요구된다. 이를 위하여 주거 내에 침실, 거실, 부엌, 욕실 등과 같은 다양한 공간이 필요하다.

③ 생업의 장소기능

농경사회에서 주거는 생업의 장소로써 농사를 짓고 가축을 키우는 기지의 역할을 하였다. 현대사회에서도 주거 내에 사무실이나 작업장을 두기도 하고 점포와 주거공간이 하나의 건물에 있기도 하다. 최근에는 재택근무가 늘어남에 따라 직주일체(職住一體)와 같은 기능이 더욱 요구되고 있다.

④ 자아실현의 기능

우리는 기본적인 본능만 충족되어서는 행복하다고 생각하지 않는다. 인간은 나름의 삶의 가치를 가지고 있으며, 이러한 가치를 실현하기 위하여 열심히 노력하며 생활한다. 주거를 통한 자아실현을 할 수 있도록 하는 기능이 요구되기도 한다.

이러한 기능을 충족하기 위해 주거는 다양한 조건을 갖추어야 한다.

표 1-1 ▌ 주거기능을 위한 요구사항

구분	내용
안전성	물리적인 안전과 심리적인 안정, 범죄와 도난 등의 사회적 불안, 화재 등의 재난위험으로부터 안전성이 확보되어야 한다.
쾌적성	적당한 온도, 습도, 조명, 환기, 소음차단 등의 환경조건을 갖추어 쾌적함을 느낄 수 있어야 한다.
편리성	가사 노동력을 경감시키는 공간구성과 기능적인 시설설비를 갖추어 편리성을 확보하여야 한다.
효율성	주택이라는 건물 자체의 재산의 가치를 유지 또는 향상하고, 주거관리측면에서의 효율성을 확보하여야 한다.
독립성	생활에 필요한 적정 규모를 확보하고, 시선확보와 프라이버시 보호를 위한 독립성이 있어야 한다.
공공성	자녀의 양육과 교육, 재택업무 기능 등 주택 내에서 이루어지는 공공성 기능을 확보하여야 한다.
휴식성	주택 내에서는 휴양생활과 여가생활을 위하여 활력과 노동력 재생산에 필요한 휴식성 기능이 있어야 한다.
심미성	자기표현과 창의성은 주거환경에 아름다움을 더해주며, 자기만의 독창적인 디자인은 만족감을 준다. 따라서 주거의 심미성 기능을 확보하는 것이 필요하다.

2) 주거가치, 주거욕구, 주거규범

(1) 주거가치

가치란 인간의 욕구나 관심의 대상 또는 목표의 중요성으로 볼 수 있으므로, 주거가치(住居價値)는 주거가 지니는 중요성을 나타내는 것이다.

주거가치는 거주자의 학력, 직업, 성별, 경제적 수준, 생활양식, 경험유무 등에 따라 차이가 있다. 그리고 주거가치는 주거선택은 물론이고 주거계획에도 관련이 있다. 주거선택에 영향을 주는 가치는 경제성, 가족중심주의, 프라이버시, 지위, 심미성, 기능성, 안전, 신체적 건강, 정신적 건강 등이 있다.

① 경제성

주택은 일반적으로 개인이 평생 획득할 수 있는 재산 중 가장 크다. 주택 구매비용뿐 아니라 유지관리비를 포함한 주거의 경제성은 주거선택 시 중요한 가치로 삼는 경우가 많다.

② 가족중심주의

가족의 친밀감을 중요하게 생각하면 가족의 단란한 생활과 편안한 휴식처의 기능을 하는 주거를 선택하고자 한다. 가족원 수에 적합한 크기, 가족의 개인생활과 공동생활을 위한 공간확보를 하고, 따뜻한 분위기를 연출하고 편리한 시설과 가구를 갖춘다.

③ 프라이버시

프라이버시는 차단이나 보호가 아니라 조절행위이다. 필요할 때 외부와 차단하고 불필요할 때는 허용할 수 있어야 한다. 개인, 가족, 집단 등 다양한 차원에서 프라이버시를 확보하여야 한다.

④ 지위

다른 사람으로부터 좋은 평가를 받는데 신경을 쓰는 사람은 주거를 자신의 지위를 나타내는 도구로 선택하며, 자신의 지위를 표현할 수 있는 주택과 지역을 선택하고자 한다.

⑤ 심미성

미에 대한 기준은 개인에 따라 매우 다양하므로 심미성에 가치를 두고 선택하는 주거의 특성 또한 다양하다. 예를 들어, 대문이나 현관 등을 장식하거나 주택 내부를 아름답게 장식하고자 한다. 심미성은 거주자의 개성을 나타내기도 한다.

⑥ 기능성

편리한 설비를 갖춘 기능성이 주택 선택의 기준이 되기도 한다. 주택 내부의 공간구성과 시설의 기능성뿐 아니라 가까운 거리에 근린시설이 잘 갖추어져 있는 것도 중요하다. 그리고 녹지대나 공원, 교통시설이나 문화시설의 사용이 편리하여야 한다.

⑦ 안전

지진, 풍수해와 같은 자연재해나 화재, 도난 등 인위적인 재해로부터 안전한 주거는 주거가치의 가장 기본적인 사항이다. 특히 안전을 중요하게 생각하는 사람은 주택이 구조적으로 튼튼한 것은 물론이고 매립지나 상습 범람지역 등을 피하고 좋은 이웃이 있는 지역을 택한다.

⑧ 신체적 건강

신체적 건강을 중요한 가치로 생각할 때는 건강한 생활을 영위할 수 있는 주거환경을 선택한다. 이 경우에는 일조와 통풍이 좋고 습기가 적으며 공해가 발생하지 않는 지역의 주거를 선택한다.

⑨ 정신적 건강

마음의 평화를 느끼고 정신적으로 편안한 생활을 할 수 있는 주거를 중요한 가치로 생각하는 사람도 있다. 이 경우에는 가족과 이웃관계, 자연환경, 공간구성 등을 고려하여 주거를 선택한다.

(2) 주거욕구

욕구는 무엇을 얻거나 무슨 일을 하고자 바라는 것으로, 인간은 삶의 질을 향상하기 위하여 누구나 욕구가 있다. 주거욕구는 주거를 통하여 삶의 질을 향상하기 위한 바램을 나타내는 것이다.

이 욕구는 위계화되어 있다. 즉 가장 낮은 수준의 욕구부터 단계적으로 그 다음 수준의 욕구가 생긴다. 이때 낮은 수준의 욕구를 100% 만족해야만 그다음 수준의 욕구가 생기는 것은 아니고, 어느 정도 만족한 상태가 되면 다음 단계의 욕구가 생긴다.

주거욕구는 매슬로(Abraham Maslow)의 욕구이론에 근거하여 생리적 욕구, 보호와 안전의 욕구, 사회적 욕구, 자아존중의 욕구, 자아실현 욕구의 순으로 유발된다고 본다.[1]

1) 출처: https://www.simplypsychology.org/maslow.html

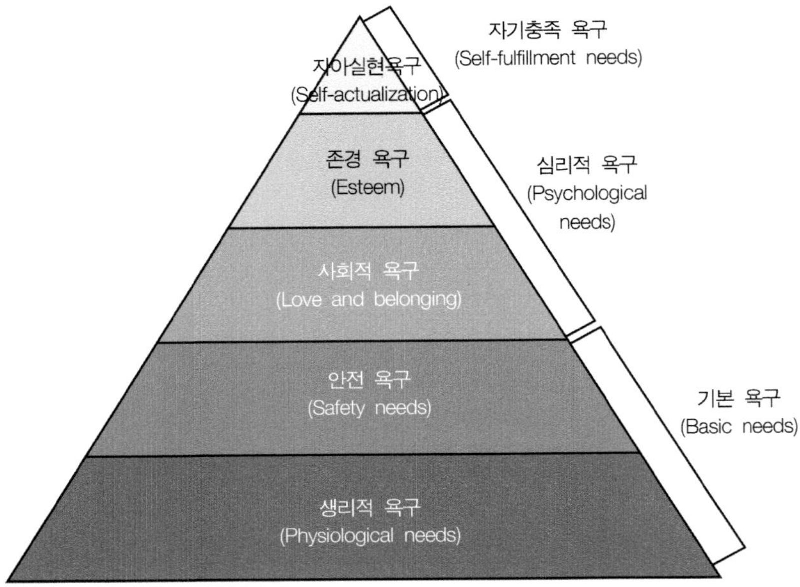

그림 1-2 ▌ 매슬로의 욕구단계

① 생리적 주거욕구

생리적 주거욕구는 가장 낮은 수준의 욕구이다. 즉 생존에 필요한 최소한의 생리적 욕구를 충족하기 위해서는 휴식과 수면을 위한 빛, 온도, 통풍, 위생 등의 환경조건이 요구된다.

② 안전의 주거욕구

안전의 주거욕구는 소유물을 보호하고 지속해서 안전하기를 원하는 욕구이다. 이를 위해서 주거는 외부의 힘으로부터 가족과 재산을 보호할 수 있어야 하고, 구조적으로 튼튼해야 한다. 예를 들어, 아파트에 경비실을 두는 것만으로도 보호받고 있으며 안전하다는 안도감을 준다.

③ 사회적 주거욕구

인간은 타인과의 관계를 통하여 사랑을 주고받고 서로 인정받기를 원한다. 소속감, 수용, 사랑받음 등 타인과의 관계에서 비롯되는 사회적 주거욕구를 충족하기 위해서는 화목한 가족관계, 원만한 이웃관계, 사회적 유대감 등을 가질 수 있는 공간구성과 장소성이 필요하다.

④ 자아존중의 주거욕구

자아존중의 주거욕구는 긍지, 자부심에서 비롯되는 욕구, 성취욕, 독립심을 포함한 자존의 욕구이다. 거주하는 집이 동료집단의 기대에 충족될 때 자아존중감은 더욱 강화된다.

⑤ 자아실현의 주거욕구

인간의 욕구 중 가장 나중에 나타나는 것은 자아실현이다. 이는 인간의 잠재력, 재능, 능력을 실현하고자 하는 욕구이다. 이를 위해서는 주거에 대해 생활의 질서와 미의 조화가 충족되어야 하므로 개성적인 주거공간을 형성하여 취미, 여가 등 자아실현에 필요한 활동을 주거 내에서 할 수 있어야 한다.

(3) 주거규범

주거규범(Housing Norm)이란 한 문화권에서 바람직하다고 생각하는 보편적인 주거기준을 뜻한다. 이는 공간, 소유권, 주거유형, 주거의 질, 주거비, 근린환경 등에 대하여 나타나며, 사회적으로 어느 정도 실현 가능하며 어떤 상황에서 사회적으로 바람직하다고 여기는 주거행동이나 상황을 평가하는 기준으로 유용하다. 즉 어떤 특정 문화권에서 바람직하다고 생각하는 공간의 크기나 형태가 다른 문화권에서는 전혀 다른 평가를 받게 되는 것은 그 문화권이 가지는 주거규범이 다르기 때문이다.

이러한 주거규범은 가족 구성원의 주거선택이나 주거조정 등의 행동에서 사회적 규범, 문화적 규범, 가족규범과 결합하여 다양하게 나타난다.

① **사회적 규범**: 어느 사회의 대다수가 가치가 있다고 생각하는 행동으로 특정지역에 거주하는 사람들에게만 적용되는 규범이다.
② **문화적 규범**: 동일 문화권을 공유하는 통합된 사회의 대다수가 동의하고 그들에게 적용되는 규범이다.
③ **가족규범**: 가족의 제반 상황, 즉 여러 가지 제약조건이 반영된 상황에서 그들에게만 적용되는 것으로 문화적 규범이 다소 완화된 것이다.

3) 주거선호와 주거만족도

(1) 주거선호

주거선호는 개인이 가지고 있는 주거에 대한 좋고 싫음의 가치기준이며, 이는 주거에 대한 즉각적이고 포괄적인 선택기준으로 표현된다.

가치기준은 개인의 삶을 통한 사회적·문화적 경험이 누적되어 나타나며, 개인을 둘러싸고 있는 사회적 규범, 주택시장의 상황, 주거에 대한 인식 등에도 영향을 받는다. 이러한 가치기준에 의해 형성된 주거선호는 주거욕구나 주거가치관에 따라 다르며, 현실적인 상황에서 주거의 형태 선택이나 의사결정에 직접적인 영향을 미치기도 한다.

주거선호는 주거의 여러 측면에 대한 개인이나 가족의 요구를 알 수 있게 함은 물론, 주거에 대한 실질적인 행동으로 연결될 수 있는 준비상황을 내포한다. 따라서 선호하는 주거특성은 주거선택 시 반영하고, 선호하지 않는 것은 배제하는 구체적인 선택으로 이어진다.

(2) 주거만족도

주거만족도는 주거특성에 대한 주관적인 판단으로, 주로 주거선택 행동 결과에 대한 평가와 관련된 개념이다.

주거만족도는 주택의 물리적 요소인 주택의 규모나 실의 구성, 주택 내·외부 디자인이나 기능적인 측면 등에 대한 개인적 평가이기도 하고, 주택을 중심으로 한 주변의 교통시설, 편의시설, 문화시설, 공원 및 운동시설, 기타 지역사회환경 등 사회적 여건에 대한 만족도를 나타내는 지표가 되기도 한다. 그리고 범죄나 자연재해 등으로부터의 안전성이나 프라이버시의 확보, 이웃과의 친밀도 등도 주거만족도를 평가할 수 있는 중요한 요소로 작용한다.

주거여건에 불만족하면 주거결함이 있다는 것이며, 그 결함을 해소하기 위하여 주거조정, 즉 이동이나 개조를 하여 주거만족도를 높이려고 한다. 따라서 주거만족도는 주거조절 행동을 예측할 수 있는 중요한 지표가 된다. 주거만족도 조사는 주거 전반에 대한 만족 수준을 종합적으로 측정하거나, 세부항목에 대해 각각 만족 수준을 측정하여 조사목적에 맞게 그 결과를 활용한다.

4) 주거관

주거관은 주생활의 행태나 주택형식에 대한 견해이다. 주거관은 성별, 연령, 직업, 학력, 빈부, 생활의 경험 등 여러 조건에 따라 다르게 형성된다.

주거관은 형성되기까지 몇 단계를 거치게 된다. 1단계는 주거관 형성의 잠재적인 마음으로 아직 구체적인 내용을 갖지 않는 주의식(住意識)단계이다. 2단계는 주의식이 의견으로 표현되는 단계로, 주거에 대한 의견만 표현할 뿐 아직 행동으로 나타나지 않는 상태인 주의견(住意見)단계이다. 3단계는 단편적인 주의견이 계통적으로 묶여 나타나는 주택이상(住宅理想)단계이다. 이러한 단계를 거쳐 형성된 주거관은 4단계인 주요구(住要求)의 단계에서 구체적인 행동을 하게 된다. 이와 같은 주거관을 미리 파악하여야 그 사람에게 맞는 바람직한 주택계획을 할 수 있다.

이미 형성된 주거관도 여러 환경에 의해 변하므로, 주기적으로, 또는 특정 이슈가 있을 때마다 다시 파악하여야 한다. 그리고 주거관은 주거문화 형성의 기초가 되므로, 개인 또는 한 집단의 주거관을 파악하는 것이 주거계획과 주거정책 수립에 매우 중요하다.

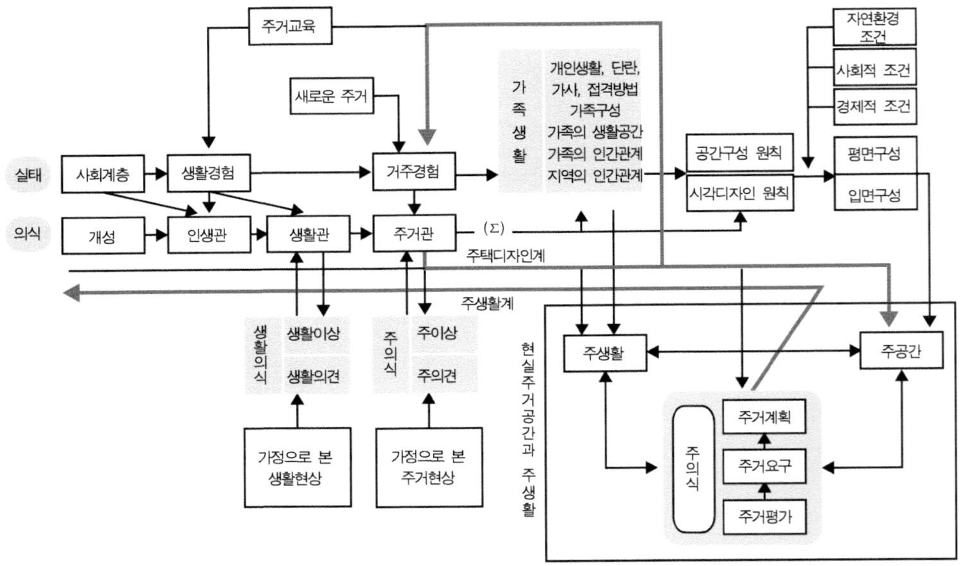

그림 1-3 ▌ 주거관 관련 구조[2)]

2) 안옥희 외(2011), 새로 쓴 한국주거역사와 문화, p.152. 신정, 재인용.

2. 가족과 주거

1) 인구와 가구

장래인구특별추계(2017~2067)에 따르면, 우리나라 총인구는 2017년 기준 5,136만 명이며, 2028년까지 증가세를 지속해 5,194만 명을 정점으로 감소세로 돌아설 전망이다. 이후 2067년에 3,929만 명까지 감소해 1982년 수준으로 줄어들 것으로 예측한다. 그리고 2019년부터 사망자가 출생아보다 많아지는 자연 감소가 시작될 전망이다. 출생아는 2017년 35만 명에서 2067년 21만 명으로 감소하며, 사망자는 2017년 29만 명에서 2067년 74만 명으로 증가할 것으로 예상한다. 실제로 2020년 12월 31일 기준 우리나라 주민등록 인구가 5,182만 9,023명으로, 전년보다 2만 838명 줄어 사상 처음 인구가 감소하였다. 즉 2020년 사망자 수(30만 7,764명)가 출생자 수(27만 5,815명)보다 많아져 인구가 자연감소하는 데드크로스(dead cross)가 현실화한 것이다.

표 1-2 ▍ 인구구성 추이

	2018	2020	2022	2024	2026	2028	2030	2040	2050	2060
총인구(천명)	51,606	51,780	51,846	51,887	51,920	51,941	51,926	50,855	47,744	42,837
성비(여자1백명당)	100.5	100.4	100.3	100.2	100.1	100.0	99.8	98.9	98.1	97.9
인구성장률	0.48	0.14	0.05	0.04	0.03	0.02	−0.03	−0.38	−0.86	−1.20
구성비(%): 0–14세	12.8	12.2	11.5	10.9	10.4	9.9	9.6	9.8	8.9	8.0
구성비(%): 15–64세	72.9	72.1	71.1	69.9	68.2	66.7	65.4	56.3	51.3	48.0
구성비(%): 65세 이상	14.3	15.7	17.3	19.2	21.4	23.3	25.0	33.9	39.8	43.9
총부양비	37.1	38.6	40.6	43.0	46.6	49.8	53.0	77.5	95.0	108.2
유소년부양비	17.5	16.9	16.2	15.6	15.2	14.9	14.7	17.4	17.4	16.7
노년부양비	19.6	21.7	24.3	27.4	31.4	35.0	38.2	60.1	77.6	91.4
노령화지수	111.9	129.0	150.0	175.7	206.0	234.8	259.6	345.7	447.2	546.1

출처: 국가통계포털 https://kosis.kr자료로 재구성함

가구(家口)란 1명이 단독으로 생계를 영위하거나 2명 이상이 공동으로 취사, 취침 등을 하며 생계를 같이하는 생활단위를 뜻한다. 인구주택총조사에서는 아래와 같이 가구유형을 정의하여 분류한다.

① **일반가구**: 가족으로 이루어진 가구, 가족과 5인 이하의 남남이 함께 사는 가구, 가족이 아닌 5인 이하의 남남이 함께 사는 가구, 1인 가구

② **집단가구**: 가족이 아닌 5인 이상 19인 이하의 가구, 기숙사, 보육원, 요양원 등 사회시설에 사는 가구

③ **외국인 가구**: 외국인으로만 구성된 가구(단, 한국인과 외국인이 함께 사는 가구는 일반가구로 분류)

2017년 총가구는 1,957만 1천 가구에서 2040년 2,265만 1천 가구까지 증가한 후 감소하여 2047년에는 2,230만 3천 가구에 이를 전망이다. 2017년 가구주가 65세 이상인 고령자가구는 399만 8천 가구(20.4%)에서 2047년 1,105만 8천 가구(49.6%)로 2.8배 증가할 전망이며, 1인가구는 28.5%(558만 3천 가구)에서 37.3%(832만 가구)로 8.8%P(273만 7천 가구) 증가할 전망이다. 2017년 40~50대 가구주는 전체의 46.7%로 가장 많았으나, 2047년에 60~70대가 41.2%로 가장 많아질 전망이다.

표 1-3 ▌ 가구구성 추이

	2002	2007	2012	2017	2022	2027	2032	2037	2042	2047
총가구(만가구)	1,511	1,660	1,812	1,957	2,079	2,165	2,225	2,260	2,261	2,230
고령자가구(만가구)	197	259	317	400	513	663	795	934	1,031	1,106
1인가구(만가구)	263	357	456	558	649	711	764	808	829	832

출처: 국가통계포털 https://kosis.kr자료로 재구성함

2020년 현재 13세 이상 인구 중 경제적인 면, 가족관계, 직업, 건강 등을 전

반적으로 느끼는 만족감(행복도)은 전국 평균 42.7%가 만족하고 있다. 세종(58.7%)이 가장 높고, 대구(33.2%)가 가장 낮다.

한편, 가족(배우자, 자녀, 부모, 형제자매 등)과의 가족관계만족도는 전국 평균 58.7%가 만족하고 있다. 세종(65.4%)이 가장 높고, 대구(51.7%)가 가장 낮다.

2) 가족유형과 주거

가족(家族)은 혈연, 혼인, 입양, 친분 등으로 관계되어 같이 일상의 생활을 공유하는 사람들의 집단(공동체) 또는 그 구성원이다. 사회인구학적 변화에 따라 가족구조가 많이 변하였다. 예전보다 가구원 수가 감소하고 가구 수는 증가하였다. 그리고 가족유형이 다양해졌고, 맞벌이가족과 노인인구가 증가하였다.

가족의 유형은 여러 가지로 분류한다. 혈연적인 관계에 따른 분류로 널리 쓰이는 것이 핵가족과 확대가족이다. 한편, 현대사회에서 가족의 구조와 기능면에서 새로운 가족유형으로는 1인가족, 동거가족, 한부모가족, 자발적 무자녀가족, 공동체가족, 다문화가족 등이 있다. 그 밖에 부부의 경제활동에 따른 맞벌이가족과 외벌이가족, 수명연장 및 부모 부양화에 따른 노부부가족, 노인단독가족, 3세대가족 등이 있다.

가족유형에 따라 요구되는 주거유형이 다르다. 예를 들어, 무자녀가족은 의례적인 공간보다는 부엌과 식사공간이 개방된 공간을 원하며, 취미나 여가공간을 충분히 확보하고 싶어 한다. 그러나 맞벌이가족은 가사노동을 줄일 수 있거나 가족들의 참여가 자연스럽게 이루어질 수 있는 주택평면에 대한 요구가 크므로 거실과 부엌이 개방되고 통합된 형태를 원한다.

표 1-4 ▌ 가구 및 가족구조 변화(단위: 가구)

<table>
<tr><th colspan="2">가구구성형태</th><th>1995년</th><th>2000년</th><th>2005년</th><th>2010년</th><th>2015년</th><th>2018년</th></tr>
<tr><td rowspan="7">1
세
대
가
구</td><td>부부</td><td>1,398,508</td><td>1,765,365</td><td>2,258,982</td><td>2,671,616</td><td>2,982,028</td><td>3,247,030</td></tr>
<tr><td>부부+미혼
형제자매</td><td>–</td><td>17,568</td><td>17,525</td><td>15,932</td><td>18,314</td><td>19,112</td></tr>
<tr><td>부부+기타
친인척</td><td>–</td><td>14,291</td><td>16,081</td><td>23,315</td><td>4,137</td><td>4,455</td></tr>
<tr><td>가구주+
미혼형제자매</td><td>–</td><td>177,058</td><td>2,03,967</td><td>191,045</td><td>201,009</td><td>202,254</td></tr>
<tr><td>가구주+
기타친인척</td><td>–</td><td>24,518</td><td>32,902</td><td>66,779</td><td>15,817</td><td>18,109</td></tr>
<tr><td>기타</td><td>241,926</td><td>34,963</td><td>45,260</td><td>58,707</td><td>103,113</td><td>109,394</td></tr>
<tr><td>소계</td><td>1,640,434</td><td>2,033,763</td><td>2,574,717</td><td>3,027,394</td><td>3,324,418</td><td>3,600,264</td></tr>
<tr><td rowspan="10">2
세
대
가
구</td><td>부부+
미혼자녀</td><td>6,528,008</td><td>6,891,558</td><td>6,701,759</td><td>6,415,673</td><td>6,150,381</td><td>6,121,914</td></tr>
<tr><td>부+미혼자녀</td><td>172,398</td><td>219,997</td><td>286,923</td><td>347,448</td><td>537,608</td><td>517,173</td></tr>
<tr><td>모+미혼자녀</td><td>787,574</td><td>903,857</td><td>1,083,020</td><td>1,246,690</td><td>1,522,554</td><td>1,498,840</td></tr>
<tr><td>부부+양친</td><td>22,445</td><td>24,131</td><td>23,279</td><td>24,866</td><td>20,592</td><td>19,189</td></tr>
<tr><td>부부+한부모</td><td>98,568</td><td>113,283</td><td>131,544</td><td>134,657</td><td>124,643</td><td>116,801</td></tr>
<tr><td>부부+미혼
자녀+부부의
미혼형제자매</td><td>133,915</td><td>94,679</td><td>73,562</td><td>55,725</td><td>77,251</td><td>68,345</td></tr>
<tr><td>조부모+
미혼 손자녀</td><td rowspan="2">35,194</td><td rowspan="2">45,225</td><td rowspan="2">58,101</td><td>51,159</td><td>43,314</td><td>44,766</td></tr>
<tr><td>조부(조모)+
미혼 손자녀</td><td>68,135</td><td>69,797</td><td>68,531</td></tr>
<tr><td>기타</td><td>422,385</td><td>403,352</td><td>449,138</td><td>547,871</td><td>782,153</td><td>832,891</td></tr>
<tr><td>소계</td><td>8,200,487</td><td>8,696,082</td><td>8,807,326</td><td>8,892,224</td><td>9,328,293</td><td>9,288,450</td></tr>
<tr><td rowspan="5">3
세
대
가
구</td><td>부부+미혼
자녀+양친</td><td>172,653</td><td>168,496</td><td>140,535</td><td>134,150</td><td>113,256</td><td>98,158</td></tr>
<tr><td>부부+미혼
자녀+부친</td><td>707,164</td><td rowspan="2">642,082</td><td rowspan="2">567,150</td><td>71,066</td><td>74,835</td><td>70,255</td></tr>
<tr><td>부부+미혼
자녀+모친</td><td rowspan="2">385,720</td><td>446,815</td><td>391,156</td><td>336,017</td></tr>
<tr><td>기타</td><td>365,759</td><td>384,877</td><td>410,576</td><td>449,949</td><td>389,071</td></tr>
<tr><td>소계</td><td>1,265,537</td><td>1,176,337</td><td>1,092,562</td><td>1,062,607</td><td>1,029,196</td><td>893,501</td></tr>
<tr><td colspan="2">4세대이상 가구</td><td>26,327</td><td>21,961</td><td>15,902</td><td>12,769</td><td>11,262</td><td>8,012</td></tr>
<tr><td colspan="2">1인 가구</td><td>1,642,406</td><td>2,224,433</td><td>3,170,675</td><td>4,142,165</td><td>5,203,440</td><td>5,848,594</td></tr>
<tr><td colspan="2">비친족가구</td><td>182,990</td><td>159,231</td><td>225,946</td><td>202,263</td><td>214,421</td><td>340,367</td></tr>
</table>

출처: 통계청(2019), 인구주택총조사보고서.

3) 가족의 생활주기와 주생활

가족생활주기는 남녀가 결혼하여 자녀를 출생하고 그 자녀를 양육, 교육, 결혼시키고 다시 부부만 남게 되며, 최종적으로는 배우자 사망으로 인해 홀몸노인이 되고 본인도 사망하는 시간의 연속으로, 가족이 형성되어 확대, 축소, 해체되는 전 과정을 말한다.

가족생활주기에 따라 가족의 주택수요가 다르며, 주거의 이용이나 주거문화가 다르다. 예를 들어, 신혼부부와 노부부의 경우, 같은 2인 가족이라도 원하는 주거형태와 주거생활이 다르므로 가족생활주기를 고려하여 그에 적합한 주거생활을 영위할 수 있도록 하여야 한다.

가족생활주기는 일반적으로 가정형성기, 자녀출산 및 양육기, 자녀교육기, 자녀성년기, 자녀결혼기, 노년기로 구분하며, 그에 따른 주생활의 특성을 파악하는 것이 좋다.

(1) 가정형성기와 주거탐색기

가정형성기는 가정을 형성한 직후부터 1~2년 정도의 시기로, 부부가 가족원이다. 이때는 부부에게 적합한 주택이 어떤 것인지에 대해 고려하는 시기로 주거탐색기에 해당한다. 주거탐색기는 부모세대와 함께 동거하는 경우와 부부가 독립하여 생활하는 경우로 나눌 수 있다.

부모세대와 동거하는 자식세대는 주생활의 주체가 아니므로 주택의 형태나 주거방식에 대한 선택 및 변경에 어려움이 많아 주거불만이 생기기 쉽다. 그러므로 부모세대와 자식세대 간의 공간사용과 관리에 관한 구분과 규칙을 정하는 것이 바람직하다.

분가하여 독립적으로 생활할 때는 경제적인 부담이 적은 주택을 택하는 것이 좋으며, 직장과의 거리나 편리한 교통 등을 고려하여야 한다. 그리고 빈번한 주거이동이 예상되므로 가구나 설비를 구매할 때도 이동성을 고려하고, 주택금융제도를 활용한 주택구매를 위한 장기계획을 수립하여야 한다.

(2) 자녀출산 및 양육기와 주거변동기

자녀출산 및 양육기는 첫 자녀 출산 후 초등학교 입학 전까지의 기간이다. 이 시기는 주거탐색기 후 7~8년 정도 지속되며, 아직 주택소유권이 확보되지 않았지만, 가족원 수가 증가하고 자녀 성장에 따른 변화가 많은 시기로 주거변동기에 해당한다.

주거변동기는 자녀가 어리므로 주거전용지역의 독립주택, 또는 저층 아파트가 좋으며, 주변에 공원이나 상점, 병원, 오락시설이 갖춰진 지역이 좋다. 그리고 자녀실 확보의 시기와 방법에 대하여 고려하여야 한다. 최저주거기준에 따라 만 5세 이하의 한 자녀는 부부침실을 함께 사용할 수 있으며, 미성자녀는 만 8세가 되기 전에 침실분리를 하여야 한다.

(3) 자녀교육기와 주거규모확대기

자녀교육기는 첫 자녀의 고등학교까지의 교육기간이다. 이 시기는 결혼 후 10년 정도 지나 자가를 구매하는 시기로 주거규모확대기에 해당한다. 이때는 자가를 구입하기에 경제적 능력이 아직 충분하지 않으므로 융자를 얻고, 일부를 세를 주는 등 보조적 경제적 수단을 동원하여 자가를 마련하게 된다. 따라서 주택소유권은 확보하였으나 주거공간 및 질이 주거규범에 미치지 못하거나, 현 주거생활과 주거규범은 일치하지만 사회적 욕구에 따라 주거의 규모를 확대한다.

주거규모확대기는 보통 자녀의 학창시절에 해당하는 12년 정도 지속되며 자녀가 왕성하게 성장하는 시기이므로 자녀의 친구, 학교의 질, 근린환경, 이웃관계 등 거주지 환경에 관심을 가진다. 또한 주택소유권이 확보된 상태이므로 생활재의 보유지향이 강해지는 시기이기도 하다. 따라서 효율적인 수납공간을 확보하는 것이 바람직하다.

(4) 자녀성년기와 주거질향상기

자녀성년기는 첫 자녀가 고등학교를 졸업한 이후이며 지출이 감소하여 가정경제가 안정되는 시기로, 주거질향상기에 해당한다. 대개 7~8년 정도 지속되며 가족원이 모두 성인이므로 주택 선택에 제한이 거의 없다. 따라서 가족원의 주거가치관을 고려하여, 가족의 주거규범에 맞는 주택을 선택하도록 한다.

주거질향상기는 가족원 모두가 주거 내에서의 생활보다는 밖에서의 생활이 많은 시기이므로 주택 내에서 각자의 개실만을 활용하여 가족 간의 대화가 단절되는 경우가 생긴다. 그러므로 개실의 위치조정 등을 통하여 가족 간의 유대를 돈독히 할 수 있도록 유도하는 것이 바람직하다.

(5) 자녀결혼기와 주거정착안정기

자녀결혼기는 맏이가 결혼하는 시기로 가정경제가 안정되고 가족의 주거가치관에 맞는 주택에서 공간 적응을 하면서 생활하는 주거정착안정기에 속한다. 대개 5년 정도 지속되는데 가족원 모두 성인으로 주택 선택에 큰 제한은 없다. 그러나 자녀의 결혼으로 인하여 가족구성의 변화가 생기므로 이에 대한 대책을 마련하여야 한다.

주거정착안정기는 세대주 부부의 연령이 노령기에 들어서기 시작하고, 장기간 살아 온 주택의 노후화가 심화되어 주택관리에 문제가 나타나기 시작한다. 따라서 주택관리를 쉽게 할 수 있게 하고, 노후주택은 대수선 등 환경개선을 하는 것이 좋다. 이사를 할 경우, 중저층 아파트가 적당하다.

표 1-5 ▌ 가족생활주기에 따른 주거특성

<table>
<tr><th>주거생활주기</th><th colspan="2">가족생활주기</th><th>주거특성</th></tr>
<tr><td rowspan="2">주거
탐색기</td><td rowspan="2">가정
형성
기</td><td>독신
가족</td><td>• 둥지, 보호기능, 휴식기능 강조
• 오피스텔, 원룸, 설비공유형 주택</td></tr>
<tr><td>부부
가족</td><td>• 생활근거지, 보호기능, 휴식기능, 가사기능 강조
• 소형 임대주택, 소형 자가 아파트, 가사설비 중심형, 가구부착형 주택</td></tr>
<tr><td>주거
변동기</td><td colspan="2">자녀출산양육기</td><td>• 자녀양육, 보호기능, 가정교육, 휴식기능, 가사기능 강조
• 주거전용지역 주택, 쾌적한 설비 주택</td></tr>
<tr><td>주거규모
확대기</td><td colspan="2">자녀교육기</td><td>• 자녀교육, 보호기능, 가족단란, 사회교육, 가사기능 강조
• 2종주거지역, 정원이 있는 주택, 연립주택, 저층아파트</td></tr>
<tr><td>주거질
향상기</td><td colspan="2">자녀성년기</td><td>• 자기표현, 휴식, 프라이버시, 가사기능 강조
• 교통편리, 문화생활 가능한 곳, 다양한 주거형태</td></tr>
<tr><td>주거정착
안정기</td><td colspan="2">자녀결혼기</td><td>• 보호, 휴식, 가사, 성인 재교육 기능 강조
• 중저층아파트, 연립주택, 주변환경이 좋은 곳</td></tr>
<tr><td>주거
축소기</td><td rowspan="2">노
년
기</td><td>노인
가족</td><td>• 자연조망, 보호, 휴식 가사기능 강조
• 조작이 편리한 설비, 친구와 친지가 가까운 곳, 자연이 가까운 곳</td></tr>
<tr><td>주거
의존기</td><td>독신
노인가족</td><td>• 보호, 휴식, 가사기능이 강조된 주거
• 사회보호망, 서비스 포함주택, 코호시설</td></tr>
</table>

출처: 구본덕 외(2014), 고등학교 주거, p.28, 대구광역시교육청.

(6) 노년기와 주거축소기 및 주거의존기

노년기는 가족원 수가 감소하여 주택규모가 주거규범보다 크거나 주거규범에 일치하더라도 관리가 힘들어 규모를 축소하는 시기이다. 주거축소기는 65세 이상 전기 고령주택 수요층, 주거의존기는 75세 이상 후기 고령주택 수요층으로 나눌 수 있으며, 주거축소기는 15년 정도, 주거의존기는 10년 이상 지속된다.

주거축소기에는 주택규모를 축소하여 관리를 쉽게 하고, 개보수 시에는 고령자를 위한 베리어프리(barrier free) 계획을 하는 것이 좋다. 그리고 지금까지 살아온 사회적 유대관계를 유지하기 위해 현 거주지에서 계속 살면서, 각종 문화시설, 의료시설, 자녀의 집 등이 가까이 있는 것이 좋다.

주거의존기에는 주체적으로 주생활을 영위할 수 없을 정도로 신체기능이 저하되고 배우자 사망 등으로 고독감과 불안감이 고조된다. 따라서 분가한 자녀세대와 합가하거나 시설주거로 이동하는 것이 본인은 물론이고 가족에게도 바람직할 수 있다.

4) 주생활양식과 기거양식

(1) 주생활양식

생활양식은 가족의 가치관에 의해 나타나는 생활과 행동, 사고 등 생활의 문화적, 심리적 차이를 전체적인 형태로 나타낸 것이며, 이를 주거측면에서 고려한 것이 주생활양식이다. 즉 인간이 주택에 대응하면서 발생하는 복합적인 행위체계가 주생활양식이다.

주생활양식은 주거공간을 관습적으로 어떻게 사용하는지에 대한 주생활 행태적 측면, 사용자의 주거요구로부터 형성되는 주거가치관 측면, 주거공간구성과 주거 내의 다른 시설의 사용과 장식에 따른 주거공간측면으로 나타난다. 주생활양식은 공간이용, 시간이용, 주택소유, 내구재의 소비성향에 영향을 받는다.

우리나라의 주생활양식은 크게 세 가지이다.

① 전통형의 주생활양식

전통형은 주로 단독주택에서 많이 나타나는 주생활양식으로, 안방집중형이라고도 한다. 전통적인 방식대로 안방에서 가족의 단란, 식사, 부부의 취침, 접객 등의 행위가 행해져 안방에 가족 공동생활이 집중되는 형태이다. 거실은 전통적인 마루의 사용과 같이 통로나 여름철 가족의 단란을 위해 사용한다.

② 절충형의 주생활양식

절충형은 비교적 공간에 여유가 있는 주택에서 많이 나타나는 주생활양식으로, 전통형과 서양형의 양식을 모두 가지고 있다. 안방을 부부침실로 개실화하면서도 접객행위를 안방에서 한다거나 부부침실을 안방이 아닌 내실로 하고, 안방은 가족실로 사용하는 형태이다. 거실은 통로나 여름철 가족의 단란을 위해 사용된다.

③ 서양형의 주생활양식

서양형은 주로 집합주택에서 많이 나타나는 주생활양식으로, 공사실분리형이라고도 한다. 안방은 부부침실로 사용하고 거실에서 가족단란과 접객행위를 하고 부엌에서 식사하는 형태이다. 즉 가족의 공동생활과 개인생활이 분명하게 구분되는 주생활양식이다.

한편, 또 다른 주생활양식으로는 전통적 양식과 현대적 양식, 전형적 양식과 개성적 양식, 가족중심적 양식과 직업중심적 양식, 자연중심적 양식과 절충주의적 양식, 형식적 양식과 비형식적 양식 등이 있다.

(2) 기거양식

기거양식은 바닥에 앉아 식사하거나 의자에 앉아 공부하는 등의 동작양식을 나타내는 생활양식이다. 바닥에 직접 앉는 자세를 기본으로 하는 동작양식을 좌식이라 하며, 의자나 침대 등의 가구를 지지하여 앉기도 하고 눕기도 하는 동작양식을 입식이라 한다. 좌식은 전통적인 생활양식으로 안정감이 있으며, 실의 용도를 다양하게 사용할 수 있어 편리하나, 앉거나 설 때의 자세 변경에 따른 에너지 소비가 많고 바닥의 청결유지에 항상 신경을 써야 한다. 한편, 입식은 작업능률이나 활동이 증가하는 장점이 있으나 좌식에 비해 실의 소요면적이 크고 가구배치로 인하여 방의 용도가 고정된다는 단점이 있다.

이처럼 기거양식은 장단점이 있으므로 가족원 수, 나이, 가족생활주기, 교육수준, 세대주의 직업, 소득 등 거주자의 특성과 주택의 규모, 방의 수, 주택의 유형 등의 주택특성을 고려하여 결정하는 것이 좋다.

3. 주택과 용도지역

1) 용도별 주택

〈건축법〉에 근거하여 주택을 정의 내리면, 주택이란 세대(世帶)의 구성원이 장기간 독립된 주거생활을 할 수 있는 구조로 된 건축물의 전부 또는 일부 및 그 부속토지이다. 주택은 단독주택과 공동주택으로 구분한다.

단독주택은 다음과 같다.

① 단독주택

② **다중주택**: 학생 또는 직장인 등 여러 사람이 장기간 거주할 수 있는 구조로 되어 있으며, 독립된 주거의 형태(각 실별로 욕실은 설치할 수 있으나, 취사시설은 설치하지 않음)를 갖추지 않고, 1개 동의 주택으로 쓰이는 바닥면적의 합계가 330㎡ 이하이고 주택으로 쓰는 층수(지하층은 제외한다)가 3개 층 이하일 것

③ **다가구주택**: 주택으로 쓰는 층수가 3개 층 이하이며, 1개 동의 주택으로 쓰이는 바닥면적의 합계가 660㎡ 이하이며, 19세대 이하가 거주할 수 있으면서 공동주택에 해당하지 않는 것

④ 공관(公館)

〈주택법〉에서는 공관을 단독주택의 종류에 포함하지 않는다.

한편, 공동주택은 다음과 같다.

① **아파트**: 주택으로 쓰는 층수가 5개 층 이상인 주택

② **연립주택**: 주택으로 쓰는 1개 동의 바닥면적 합계가 660㎡를 초과하고, 층수가 4개 층 이하인 주택

③ **다세대주택**: 주택으로 쓰는 1개 동의 바닥면적 합계가 660㎡ 이하이고, 층수가 4개 층 이하인 주택

④ **기숙사**: 학교 또는 공장 등의 학생 또는 종업원 등을 위하여 쓰는 것으로서 1개 동의 공동취사시설 이용 세대 수가 전체의 50% 이상인 것

〈주택법〉에서는 기숙사를 공동주택의 종류에 포함하지 않고 준주택에 포함하고 있다.

2) 다양한 주택의 종류

〈주택법〉에 근거하여 주택의 종류를 살펴보면 다음과 같다.

① 준주택

주택 외의 건축물과 그 부속토지로서 주거시설로 이용 가능한 시설 등을 말하며, 기숙사, 다중생활시설, 노인복지주택, 오피스텔이다. 기숙사는 위에 언급한 것과 같다.

다중생활시설은 다중이용업 중 고시원업의 시설로서 같은 건축물에 해당 용도로 쓰는 바닥면적의 합계가 500㎡ 미만인 것이고, 노인복지주택은 노인에게

주거시설을 임대하여 주거의 편의·생활지도·상담 및 안전관리 등 일상생활에 필요한 편의를 제공함을 목적으로 하는 시설이다. 오피스텔은 업무를 주로 하며, 분양하거나 임대하는 구획 중 일부 구획에서 숙식을 할 수 있도록 한 건축물이다.

② 국민주택

국민주택규모 이하인 주택으로, 공공(한국토지주택공사나 지방공사)이 건설하는 주택, 주택도시기금을 지원받아 건설되거나 개량되는 주택이다. 이때 국민주택규모란 주거전용면적이 1호(戶) 또는 1세대 당 85㎡ 이하인 주택(수도권을 제외한 도시지역이 아닌 읍면지역은 100㎡ 이하)이다.

③ 민영주택

국민주택을 제외한 주택이다.

④ 임대주택

임대를 목적으로 하는 주택으로서, 공공임대주택과 민간임대주택으로 구분한다.

⑤ 토지임대부 분양주택

토지의 소유권은 토지임대부 분양주택 건설사업을 시행하는 자가 가지고, 건축물 및 복리시설 등에 대한 소유권[건축물의 전유부분(專有部分)에 대한 구분소유권은 분양받은 자가 가지고, 건축물의 공용부분·부속건물 및 복리시설은 분양받은 자들이 공유한다]은 주택을 분양받은 자가 가지는 주택이다.

⑥ 세대구분형 공동주택

공동주택의 주택 내부 공간의 일부를 세대별로 구분하여 생활이 가능한 구조로 하되, 그 구분된 공간의 일부를 구분소유할 수 없는 주택이다.

⑦ 도시형 생활주택

300세대 미만의 국민주택규모에 해당하는 주택으로서, 단지형 연립주택(원룸형 주택이 아닌 연립주택), 단지형 다세대주택(원룸형 주택이 아닌 다세대주택), 원룸형 주택을 말한다. 이때 원룸형 주택은 ㉮ 세대별 주거전용면적은 50㎡ 이하일 것, ㉯ 세대별로 독립된 주거가 가능하도록 욕실 및 부엌을 설치할 것, ㉰ 욕실 및 보일러실을 제외한 부분을 하나의 공간으로 구성할 것. 다만, 주거전용면적이 30㎡ 이상인 경우에는 두 개의 공간으로 구성할 수 있다, ㉱ 지하층에는 세대를 설치하지 아니할 것이다.

⑧ 에너지절약형 친환경주택

저에너지 건물 조성기술 등 대통령령으로 정하는 기술을 이용하여 에너지 사용량을 절감하거나 이산화탄소 배출량을 저감할 수 있도록 건설된 주택이다. 이때 대통령령으로 정하는 기술이란 ㉮ 고단열·고기능 외피구조, 기밀설계, 일조확보 및 친환경자재 사용 등 저에너지 건물 조성기술, ㉯ 고효율 열원설비, 제어설비 및 고효율 환기설비 등 에너지 고효율 설비기술, ㉰ 태양열, 태양광, 지열 및 풍력 등 신·재생에너지 이용기술, ㉱ 자연지반의 보존, 생태면적율의 확보 및 빗물의 순환 등 생태적 순환기능 확보를 위한 외부환경 조성기술, ㉲ 건물에너지 정보화 기술, 자동제어장치 및 지능형전력망 등 에너지 이용효율을 극대화하는 기술이다.

⑨ 건강친화형 주택

건강하고 쾌적한 실내환경의 조성을 위하여 실내공기의 오염물질 등을 최소화할 수 있도록 대통령령으로 정하는 기준에 따라 건설된 주택이다. 이때 대통령령으로 정하는 기준이란 ㉮ 오염물질을 적게 방출하거나 오염물질의 발생을 억제 또는 저감시키는 건축자재(붙박이 가구와 붙박이 가전제품을 포함한다)의 사용에 관한 사항, ㉯ 청정한 실내환경 확보를 위한 마감공사의 시공관리에 관한 사항, ㉰ 실내공기의 원활한 환기를 위한 환기설비의 설치, 성능검증 및 유지관리에 관한 사항, ㉱ 환기설비 등을 이용하여 신선한 바깥의 공기를 실내에 공급하는 환기의 시행에 관한 사항이다.

⑩ 장수명 주택

구조적으로 오랫동안 유지·관리될 수 있는 내구성을 갖추고, 입주자의 필요에 따라 내부구조를 쉽게 변경할 수 있는 가변성과 수리 용이성 등이 우수한 주택이다.

3) 구조체로서의 주택의 종류

(1) 구조 및 재료에 따른 주택

① 가구식 주택

가늘고 긴 부재로 하중을 받는 기둥과 보를 짜 맞추어 먼저 건물의 구조체를 구성하고, 벽, 바닥, 지붕을 구조체에 연결하는 방식의 구조를 가진 주택이다. 재료에 따라 목조가구식 주택과 철골조가구식 주택으로 구분한다.

② 조적식 주택

점토로 구운 벽돌이나 자연석(돌), 블록 등의 작은 단위를 시멘트나 회반죽으로 접착하여 쌓아 올리는 구조로 두꺼운 벽이 주요 구조가 되는 주택이다. 재료에 따라 벽돌 주택, 콘크리트블록 주택, 보강콘크리트 주택, 석조 주택으로 구분한다.

③ 철근콘크리트 주택

기둥과 보가 하중을 받고 벽체는 하중을 받지 않는 비내력벽으로 구성된 기둥식 구조와 하중을 받는 벽체와 바닥판으로 이루어진 구조의 주택이다. 재료에 따라 철근콘크리트 주택과 철골철근콘크리트 주택으로 구분한다.

④ 조립식 주택

주택 부품을 공장에서 규격화하여 대량생산 후 현장에서 조립하는 주택이다. 재료에 따라 목재 부자재를 공장에서 미리 가공하는 프리패브리케이션(prefabrication) 주택, 콘크리트 블록이나 슬래브 등을 공장에서 미리 성형하는 프리캐스트(precast) 주택, 조립식 패널을 이용한 플러그인(plug-in) 주택으로 구분한다.

(2) 내부구조에 따른 분류

① **평면구성 형태:** 평면구성을 중심으로 분류한다. 원룸형, 거실중심형, 편복도형, 중복도형, 중정형, 코어형 등이 있다.

② **입체적 형태:** 주택의 입면 및 단면의 구성으로 분류한다. 단층형, 중층형(복층형), 스킵플로어형(skip floor), 필로티형(piloti), 보이드형(void) 등이 있다.

(3) 사용기능에 따른 주택의 분류

① **주거전용주택** : 주거생활만을 목적으로 하는 주택으로 독신자 주택, 2세

대·3세대·다세대 주택 등으로 구분한다. 독신자 주택은 다시 독립주거형과 거주공동체형으로 구분한다.

② **복합기능형 주택**: 주거생활 기능 이외 업무공간이나 상업공간을 부가한 주택으로, 병용주택이라고도 한다. 업무복합주택과 상업복합주택으로 구분한다.

4) 용도지역의 분류

〈국토의 계획 및 이용에 관한 법률〉에서 용도지역이란 토지의 이용 및 건축물의 용도, 건폐율, 용적률, 높이 등을 제한함으로써 토지를 경제적·효율적으로 이용하고 공공복리의 증진을 도모하기 위하여 서로 중복되지 아니하게 도시·군관리계획으로 결정하는 지역이다. 용도지역은 네 가지로 구분한다.

(1) 주거지역

① **전용주거지역**: 전용주거지역은 양호한 주거환경을 보호하는 데 필요한 지역이다. 제1종전용주거지역(단독주택 중심), 제2종전용주거지역(공동주택 중심)으로 분류한다.

② **일반주거지역**: 일반주거지역은 편리한 주거환경을 조성하는 데 필요한 지역이다. 제1종일반주거지역(저층주택 중심), 제2종일반주거지역(중층주택 중심), 제3종일반주거지역(중고층주택 중심)으로 분류한다.

③ **준주거지역**: 준주거지역은 주거기능을 위주로 이를 지원하는 일부 상업기능 및 업무기능을 보완하는 데 필요한 지역이다.

(2) 상업지역

① **중심상업지역**: 중심상업지역은 도심·부도심의 상업기능 및 업무기능의

확충을 위하여 필요한 지역이다.

② **일반상업지역**: 일반상업지역은 일반적인 상업기능 및 업무기능을 담당하게 하는 데 필요한 지역이다.

③ **근린상업지역**: 근린상업지역은 근린지역에서의 일용품 및 서비스의 공급을 위하여 필요한 지역이다.

④ **유통상업지역**: 유통상업지역은 도시 내 및 지역 간 유통기능의 증진을 위하여 필요한 지역이다.

(3) 공업지역

① **전용공업지역**: 전용공업지역은 주로 중화학공업, 공해성 공업 등을 수용하는 데 필요한 지역이다.

② **일반공업지역**: 일반공업지역은 환경을 저해하지 아니하는 공업의 배치를 위하여 필요한 지역이다.

③ **준공업지역**: 준공업지역은 경공업 그 밖의 공업을 수용하되, 주거기능·상업기능 및 업무기능의 보완이 필요한 지역이다.

(4) 녹지지역

① **보전녹지지역**: 보전녹지지역은 도시의 자연환경·경관·산림 및 녹지공간을 보전할 필요가 있는 지역이다.

② **생산녹지지역**: 생산녹지지역은 주로 농업적 생산을 위하여 개발을 유보할 필요가 있는 지역이다.

③ **자연녹지지역**: 자연녹지지역은 도시의 녹지공간의 확보, 도시확산의 방지, 장래 도시용지의 공급 등을 위하여 보전할 필요가 있는 지역으로서 불가피한 때에만 제한적인 개발이 허용되는 지역이다.

참고문헌

건축법, 동시행령, 동시행규칙.

구본덕 · 우동주 · 김철규 · 안옥희(2014), 고등학교 주거, 대구광역시교육청.

국가통계포털 https://kosis.kr

국토의 계획 및 이용에 관한 법률, 동시행령, 동시행규칙.

권오정외 9인(2016), 주거복지총론, ㈜이테시스.

권오정외 9인(2020), 2020개정판 주거복지총론, ㈜이테시스.

매슬로 욕구, https://www.simplypsychology.org/maslow.html

안옥희 · 백영흠(2011), 새로 쓴 한국주거역사와 문화, 신정.

안옥희 · 윤재웅 · 배정인(2000), 주거학의 이해, 기문당.

주거복지사 원격교육원(2017), 주거복지개론, ㈜이테시스.

주택법, 동시행령, 동시행규칙.

통계청(2019), 2018 인구주택총조사보고서.

CHAPTER

02 주거복지의 기초

1. 복지와 주거
2. 주거복지의 개념과 고유성
3. 주거권
4. 주거복지의 대상과 모형
5. 주거복지의 업무내용과 전달체계
6. 주거복지 전문가와 협력가

1. 복지와 주거

1) 복지적인 주거

우리나라의 인구는 경제활동의 주축인 생산연령인구가 빠르게 감소하고 있다. 2017년과 2067년의 나이별 인구구성비를 보면, 15~64세 생산연령인구 비중은 73.2%에서 45.4%로 급감하고, 반대로 65세 이상 고령인구 비중은 13.8%에서 46.5%로 급증한다. 즉 고령인구는 2017년 707만 명에서 2025년에 1,000만 명을 넘어서고, 2067년에는 1,827만 명까지 증가할 전망이다.[1)]

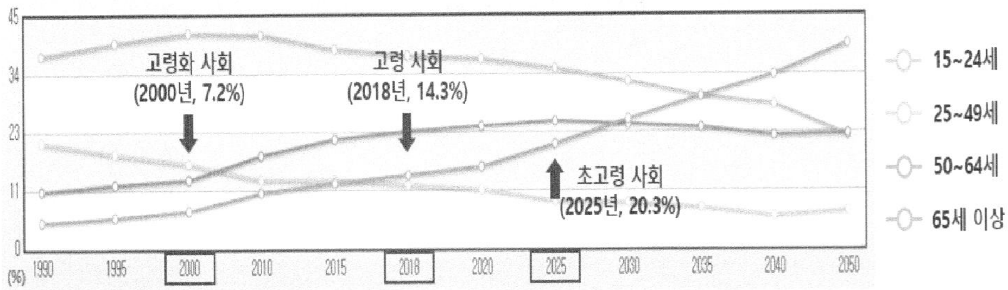

그림 2-1 ▌ 연령대별 인구추이

고령자가 많은 사회는 생산력이 저하되고, 고령자의 자립생활을 위한 여러 가지 사회제도와 환경개선이 필요하게 된다. 따라서 고령자가 거주할 수 있도록 주택을 정비하고, 지역사회에서 고령자가 참여할 수 있는 생활환경조성과 자립생활을 계속할 수 있도록 지원하여야 한다.

우리나라의 경우, 2000년대 초반 이미 주택보급률이 100%를 상회하여 주택

---

1) 그림 2-1 연령대별 인구추이, 통계청(2020), 장래인구추계 자료를 바탕으로 작성.

의 양적인 문제는 해소되었으나, 주택의 질적 문제는 아직 산재해 있다. 즉 우리나라는 협소한 주택, 설비와 환경이 불량주택, 부담스러운 주거비나 잦은 이동으로 인한 불안감 등, 거주자의 신체적, 경제적, 심리적, 사회적 수준에 맞는 주택이 부족하다.

따라서 복지사회 구축을 위해서는 고령자나 장애인과 같은 주거약자의 특성을 고려하여 주거환경을 정비할 필요성이 있다. 복지적인 주거는 거주자의 특성에 맞는 주거환경을 뜻한다. 이런 복지적인 주거환경을 조성하기 위해서는 거주자 특성을 가장 먼저 고려하여야 한다.

(1) 재택기간의 연장

평균수명이 증가하면서 재택기간이 연장되었다. 고령자는 신체적, 심리적, 경제적 이유 등으로 지금까지 살아 온 주택을 정비하지 않고 그대로 생활하기는 어렵다. 그리고 복지시책이 시설복지에서 재택복지로 변함에 따라 이전에는 시설이나 병원에서 생활해야 할 정도인 중증장애인도 재택생활을 하는 것을 기본으로 하고 있으며, 고령자도 시설보다는 자택에 거주하기를 원한다. 따라서 재택기간이 길어진 주거약자를 위하여 주거환경을 정비할 필요가 있다.

(2) 가정 내 돌봄의 저하와 사고발생의 증가

가족유형은 대가족에서 핵가족을 지나 1인가족이 급증하고 있으며, 여성의 사회진출이 활발해지면서 가정 내에서 고령자나 장애인을 돌볼 사람이 없는 가족이 많아졌다. 노인요양제도나 지자체 등에 의한 재택복지서비스가 있으며, 최근에는 지역사회 내에서 돌봄시스템을 갖춘 지역사회통합 돌봄에 대한 논의가 시작되었으나, 이들 서비스만으로 주거약자의 재택생활을 유지하기는 어렵다. 따라서 주택 내에서의 자립적 생활을 위하여 주거환경을 정비할 필요가 있다.

또한 고령자의 경우, 가정 내 사고가 교통사고보다 많다. 사고내용은 전도, 전락, 미끄러짐 등이며, 이외에 욕조 내의 익사가 늘어나고 있다. 따라서 고령자나 장애인의 신체적 특성이나 행동 특성을 좀 더 세심하게 고려한 주택설계 및 시공이 필요하며, 기존 주택을 복지적 관점에서 정비할 필요가 있다.

(3) 와상노인 및 기저귀 사용자의 증가

와상노인의 대부분은 '잠만 재우는 고령자'라고 불린다. 자유롭게 움직일 수 없어서 와상노인이 되는 것이 아니라 조금만 도와주면 충분히 움직일 수 있는 고령자를 식사나 배변을 돕는데 드는 노력을 적게 하려고 침상에 항상 누워있게 하여 와상노인으로 만들어 버린다는 것이다.

기저귀 사용자도 마찬가지이다. 비뇨기계의 질환으로 기저귀를 사용하지 않으면 안 되는 고령자는 기저귀 사용자 중 극히 일부분이며, 고령자를 화장실에 데리고 가기보다는 힘이 덜 드는 기저귀를 착용시키는 것이다.

주거환경정비는 많은 사람을 침상이나 기저귀에서 벗어나게 하여 인간의 존엄성을 가지게 할 수 있다. 특히 치매노인은 불결행위, 요실금, 이상한 음식을 먹는 이식(異食), 낮 밤이 바뀜, 배회 등 많은 문제행동을 하는데, 이 중 배회는 주거환경정비를 통해 어느 정도 해결할 수 있다.

이같이 주거환경을 복지적 관점에서 정비하면, 고령자나 장애인 본인의 정신적 자립 및 생활의 의욕을 가지게 한다. 스스로 일상생활을 한다는 것은 인간의 존엄성을 가지는 것이며, 동시에 정신적인 자립을 의미한다. 또 한두 가지의 생활을 자립하게 되면 이것에 의해 다른 생활에서도 자립의 가능성을 찾게 되므로, 생활 전체에 의욕이 생긴다.

또한 주거환경정비는 돌보미의 노동량을 경감시키며, 나아가 노동에서 벗어나게 한다. 즉 돌봄이 필요했던 대상자가 주거환경정비에 의해 자립생활을 하면 돌보미는 그로부터 해방되어 새로운 생활을 할 수 있게 된다. 설사 돌봄이 계속 필요하다고 하더라도 주거환경정비는 돌봄에 드는 힘과 시간, 비용을 경감시켜 주므로 그 효과가 크다.

그리고 복지적 관점의 주거환경정비는 고령자나 장애인 가족의 가족관계를 원만하게 한다. 고령자나 장애인의 생활지원은 매일 계속해야 하므로 가족원이나 돌보미도 신체적, 정신적 휴식이 필요하다. 따라서 돌봄의 유무나 경감은 가족관계를 원만하게 하며, 주거환경정비는 이를 가능케 한다.

2) 복지-노멀라이제이션-리허빌리테이션

(1) 복지

복지(福祉)의 한자 뜻을 보면 복(福)은 다행, 행복을, 지(祉)도 다행을 나타낸다. 사전적 의미로 복지는 행복을 뜻하며, 공적 부조나 서비스에 의한 생활의 안정, 충족이다. 또한 종교적인 의미로는 생명의 위급으로부터 구원이나 생명의 번영을 뜻한다. 영어의 웰페어(welfare)는 well(잘)+fare(해 나가다, 살아나가다)이며, 이는 안녕, 행복, 후생, 복리 등을 뜻한다. 즉 복지는 '행복한 삶'과 같은 의미로 볼 수 있다.

헌법 제34조를 보면 '모든 국민은 인간다운 생활을 할 권리를 가진다'라고 언급하면서, 복지의 기준을 '인간다운 생활'로 보고 있다. 그리고 이를 위해서 국가가 노력해야 하며, 그 대상으로 모든 국민, 여자, 노인, 청소년, 장애인, 생활능력이 없는 국민을 들고 있다.

표 2-1 ▌ 헌법 제34조

① 모든 국민은 인간다운 생활을 할 권리를 가진다.
② 국가는 사회보장·사회복지의 증진에 노력할 의무를 진다.
③ 국가는 여자의 복지와 권익의 향상을 위하여 노력하여야 한다.
④ 국가는 노인과 청소년의 복지향상을 위한 정책을 실시할 의무를 진다.
⑤ 신체장애인 및 질병·노령 기타의 사유로 생활능력이 없는 국민은 법률이 정하는 바에 의하여 국가의 보호를 받는다.
⑥ 국가는 재해를 예방하고 그 위험으로부터 국민을 보호하기 위하여 노력하여야 한다.

즉 복지의 대상은 사회적 약자에 한정된 것이 아니고, 국민 모두의 기본적 인권과 관련된 것이다. 그리고 복지의 실현은 모든 이들이 희망하는 것을 실현하는 것이다. 예를 들어, 어떤 질환이나 장애가 있거나 경제적으로 어려움이 있더라도 살아와서 익숙한 지역이나 집에서 안심하고 계속 살고자 하는 사람들의 희망을 실현하는 것이다.

이같이 개인의 의사를 존중하고, 지역사회에서 자립생활과 자기실현을 꾀하는 것이 복지이며, 복지를 실현하기 위해서는 개인과 환경과의 부적합을 조정하는 사회적 역할이나 기능이 필요하다.

복지의 궁극적인 목표라고 할 수 있는 '인간다운 생활'을 보다 더 적극적으로 실현하기 위해, 복지의 개념이 웰페어(welfare; 사후처리적인 대응)에서 웰빙(well-being; 인권의 존중, 자기실현)으로 변하고 있다.

예전에 미국 등에서 웰페어는 경제적 빈곤자에 대한 서비스만을 뜻하는 것이 일반적이었다. 그러나 최근에는 모든 국민의 안녕(행복, 건강)으로서의 자기실현이나 인권을 사회적으로 보장하고, 소득보장이나 생활보장을 위한 서비스뿐만 아니라 인간적인 생활실현을 향한 사회복지(social work)의 이념을 기본으로 한 사업이나 활동을 나타내는 용어로 웰빙(well-being)을 사용하고 있다.

우리나라에서도 예전에는 약자를 구제한다는 차원에서 경제적 지원을 하거나 지역으로부터 분리하여 보호하는 것이 복지라고 생각하였다. 그러나 요즘은 살아와서 익숙한 지역을 중심으로 복지서비스를 이용하면서 자립생활을 할 수 있도록 지원하는 방향으로 변하고 있다. 즉 본인이나 가족의 주거환경을 보다 안심, 안전, 쾌적한 것으로 만드는 것을 복지의 관점에서 중요하게 생각하고 있다. 다시 말하자면 질환이나 장애가 있어도 살아와서 익숙한 자택이나 지역에서 안심하고 생활할 수 있게 하는 것이 복지의 기본적인 사고방식이다.

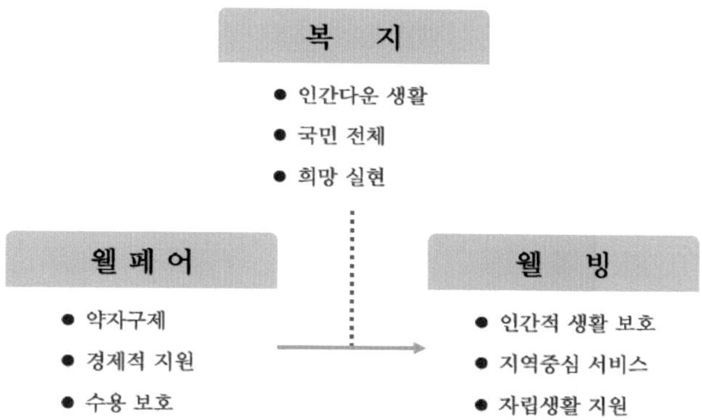

그림 2-2 ▌ 복지의 의미

(2) 노멀라이제이션

노멀라이제이션(normalization)은 ‘정상화’ 또는 ‘일반화’로 번역할 수 있지만, 이는 그 의미를 제대로 나타내지 못하므로 번역하지 않고 노멀라이제이션을 그대로 사용하는 경우가 많다.

덴마크의 뱅크미켈슨(Neils Bank Mikkelsen)은 제2차 세계대전 후 지적장애인이 수용시설에서 비인간적인 취급을 받는 것을 보고, 장애가 있더라도 일반인과 동등한 생활과 권리를 보장해야 한다는, ‘노멀라이제이션’ 이념을 확립하였다. 뱅크미켈슨은 “장애인에게 비장애인과 같은 생활조건을 제공하는 것이 노멀라이제이션이다. 즉 장애인을 비장애인과 같이 정상적으로 만드는 것이 아니라 비장애인이 생활하는 조건에서 장애인도 정상적으로 생활할 수 있게 하는 것"이라고 하였다. 즉 장애인을 비장애인과 같은 기능을 가질 때까지 회복시키는 것이 노멀라이제이션이 아니라 장애가 있는 그대로 비장애인과 어떤 차이도 없이 일상생활을 할 수 있게 하는 것이 노멀라이제이션의 이념이다. 노멀라이제이션은 1960년대에 미국 등에서 운영되었던 대규모 수용시설인 대형 집단거주지(colony)의 탈시설화에 영향을 주었다.

장애인에게 비장애인과 같은 생활을 할 수 있게 하기 위해서는 다음과 같은 환경이 보장되어야 한다.

① **생활리듬 보장**: 하루, 1주일, 1달, 1년의 리듬
② **생활주기에 따른 라이프스타일 보장**: 유아기, 청년기, 성년기, 노년기
③ **자기 결정권의 보장**
④ **이성과의 교제 등의 보장**: 결혼할 권리 포함
⑤ **공평한 임금보장**: 노동환경의 차별, 편견 제거 포함
⑥ **일반적이고 표준적인 환경보장**: 학교, 공공시설 등

노멀라이제이션은 장애인복지의 관점에서 출발하였다. 우리나라에서는 1981년 〈심신장애자복지법〉이 제정되었으며, 1989년 〈장애인복지법〉으로 전부개정되었다. 이 법은 장애인의 인간다운 삶과 권리 보장을 위한 국가와 지방자치단체 등의 책임을 명백하게 하고, 장애 발생의 예방과 장애인의 의료, 교육, 직업재활, 생활환경개선 등에 관한 사업을 정함으로써 장애인복지 대책의 종합적 추진을 도모하며, 장애인의 자립, 보호 및 수당의 지급 등에 관하여 필요한 사항을 정함으로써 장애인의 생활안정에 이바지하는 등 장애인의 복지증진 및 사회활동 참여증진에 이바지함을 목적으로 하고 있다.

최근에는 노인복지에서도 노멀라이제이션 관점을 적용하고 있다. 우리나라에서는 1981년 〈노인복지법〉이 제정되었다. 이 법은 노인의 질환을 사전예방

또는 조기 발견하고 질환에 따른 적절한 치료·요양으로 심신의 건강을 유지하고, 노후의 생활안정을 위하여 필요한 조치를 마련함으로써 노인의 보건복지 증진에 이바지함을 목적으로 한다.

이같이 노멀라이제이션은 신체적 장애인뿐만 아니라 지적, 정신적 장애인이나 고령자, 유아 등 모든 사람의 복지환경 조성에 영향을 주고 있다. 즉 노멀라이제이션은 사람을 치료하거나 도움을 준다는 관점이 아니라 생활환경이나 조건을 정비하는 것이 바람직하다고 생각하는 사고방식이다. 즉 노멀라이제이션은 복지적 주거환경조성과 같은 의미를 가진 것으로 볼 수 있다.

(3) 리허빌리테이션

리허빌리테이션(rehabilitation)은 다시(re)+훈련(habilitation)의 조합어로 '다시 능력을 획득하는 것'을 의미한다. 복지분야에서의 리허빌리테이션은 사회복귀, 또는 재활요법(再活療法) 등을 뜻한다.

제2차 세계대전 이후, 미국은 많은 상이군인의 기능회복과 자립이 주요 과제이었으며, 장애인복지 분야를 중심으로 리허빌리테이션의 사고방식이 도입되었다. 초기의 리허빌리테이션은 의학적 수술 후의 훈련방법, 직업복귀, 노동에 의한 사회복귀라고 하는 '재생'의 관점이었다. 즉 장애인을 신체적, 정신적으로 가능한 최대한도까지 회복시키고자 하는 것이다. 그러나 요즘은 단순히 의학만이 아니라 교육이나 취업, 심리적인 측면 그리고 복지분야에서도 실천적인 접근방법으로 리허빌리테이션을 다루고 있다.

가장 대표적인 리허빌리테이션의 정의는 세계보건기구(WHO, World Health Organization)의 정의이다. WHO에서는 "리허빌리테이션은 장애가 있는 경우에 기능적 능력(functional ability)이 가능한 한 최고 수준에 달하도록 훈련 혹은 재훈련하기 위해, 의학적, 사회적, 교육적, 직업적 수단을 합치고 덧붙여 조정하는 것"이라고 하였다.

WHO에서는 리허빌리테이션을 의학적 리허빌리테이션, 교육적 리허빌리테이션, 직업적 리허빌리테이션, 사회적 리허빌리테이션으로 나누어 각각 정의하고 있다.

① 의학적 리허빌리테이션

개체의 기능적 또는 심리적 능력이 필요한 경우는 대상기능을 활용하여 발달시키는 일련의 의료이며, 그것에 의해 장애인이 자립하고 활동적인 생활이 가능하게 하는 리허빌리테이션

② 교육적 리허빌리테이션

신체적, 지적장애아 등에게 양호학교나 특수학교의 방문교육 등을 통하여 ADL(일상생활동작)이나 생활리듬, 생활관습의 획득을 꾀하거나, 교과학습, 생활학습 등의 활동으로 장애와 공생하면서 잔존능력의 유지, 개발하고 신체적, 정신적 자립을 목표로 하는 리허빌리테이션

③ 직업적 리허빌리테이션

직업지도, 훈련, 적당한 직업으로의 취직 등 장애인에게 맞는 고용을 획득하고, 또 그것으로 복귀하는 것을 목표로 하는 리허빌리테이션

④ 사회적 리허빌리테이션

리허빌리테이션의 과정에서 방해되는 모든 경제적, 사회적 곤란을 감소시키고, 장애인과 가정이나 지역사회, 일 등에서의 요구를 조정하는 일을 원조하는 것으로, 사회와의 통합과 재통합을 목표로 하는 리허빌리테이션

요즘은 리허빌리테이션을 단순히 기능회복에 한정하지 않고, 장애인의 전인

적 복권으로 이해하고 있다. 장애인이 놓여 있는 사회와 현상의 신체적 상황의 조정, 그리고 인간적 발달을 위한 전문적 원조의 전개로서 리허빌리테이션을 이해하고 있다. 즉 단순히 개인의 신체적 기능의 회복유지에 한정하지 않고, 개인의 인간적 발달을 저해하는 것이 사회 속에 있으면, 그 사회를 변혁시키는 것도 넓은 의미에서 리허빌리테이션이라고 보고 있다. 다시 말해 사회의 여러 장벽을 극복하고, 장애인과 비장애인이 공존해 살아가고 있는 사회를 만들기 위한 사고방식이 리허빌리테이션이다.

리허빌리테이션 사고방식은 당사자를 중심으로 의사, 간호사, 물리치료사(PT), 작업치료사(OT), 언어청각사, 돌보미, 가족, 자원봉사자 등 리허빌리테이션을 실시하는 여러 사람에게 공통으로 필요하다.

리허빌리테이션을 이해하고 실천하기 위한 리허빌리테이션 사고방식은 다음과 같다.

① 리허빌리테이션을 기능훈련만으로 한정하지 않는다.

리허빌리테이션을 기능훈련 또는 이학요법만으로 좁게 생각하지 않는다. 인간을 포괄적인 존재(bio-psycho-social-ethical existence; 생물적, 심리적, 사회적, 생명윤리적 존재)로 보는 것이 리허빌리테이션의 인간관이므로, 운동기능의 회복만을 리허빌리테이션으로 생각하는 것은 좁은 생각이다.

② 장애를 이해한다.

리허빌리테이션의 대상은 '장애를 가진 사람' 또는 '장래 장애를 가질 것으로 예측되는 사람'이다. 따라서 장애에 대한 이해를 반드시 하여야 한다.

장애는 WHO의 국제장애분류(ICIDH; International Classification of Impairments, Disabilities, and Handicaps, 1980년)에서 기능장애(impairment), 능력저하(disability), 사회적 불리함(handicap)으로 분류하고 있다.

감기, 상처 등과 같은 질환(disease)은 치료되는데, 그중에는 후유증을 남기는 것도 있다. 이것을 기능장애라고 한다. 기능장애는 근력손실, 관절운동장애, 사고 등으로 신체일부 제거, 지적능력 저하, 언어능력 저하, 청력손실, 시력손실, 태어나면서부터 수족 결손 등이 있다.

기능장애의 결과로 능력저하가 생긴다. 식사, 배설, 의복의 착탈의, 세안 등의 일상적 행위를 할 수 없다거나, 사람과 의사소통이 되지 않거나, 작업능력이나 판단력이 떨어지거나, 실내외의 보행 장애 등, 기능장애의 정도에 따라 여러 가지 능력저하가 일어나게 된다.

이런 능력저하의 결과로 많은 경우 사회적으로 불리하게 된다. 경제적 곤란, 진학이나 취업, 결혼을 할 수 없다거나, 친구가 없거나, 가고 싶은 곳에 갈 수 없거나, 심리적 차별을 받는(예를 들어, 길을 걸으면 사람들이 힐끗힐끗 본다, 어쩐지 업신여기는 것 같다) 등 여러 가지 불리한 일이 일어난다.

즉 기능장애로 인해 능력이 저하되며, 그로 인해 사회적 불리함이 생기는 것이 장애이다.

③ 고령자나 장애인의 삶의 질(QOL; quality of life)을 이해한다.

리허빌리테이션을 실시할 때 고령자나 장애인의 개별성을 가장 중시하여야 한다. 즉 보살피는 측이 다양한 가치관을 유연하게 받아들일 수 있어야 한다.

④ 고령자와 장애인 측면에서 자립의 의미를 이해하고 지원한다.

흔히 장애인의 자립은 직업능력의 획득과 그를 위한 일상적 동작능력의 훈련이라고 생각하여 경제적 자립과 신체적 자립만을 중요하게 생각한다. 이는 대상자를 자립할 주체로 보지 않고, 보호의 대상으로 취급하는 것이다. 장애인의 자립은 장애의 정도에 상관없이 필요한 보건, 의료, 복지서비스를 이용하면서 지역사회 속에서 주체적으로 자기실현을 꾀해 가는 것이다. 따라서 자립지원은 신체적, 경제적 자립뿐만 아니라 정신적 자립과 사회생활 자립도 함께 지원하여야 한다. 고령자의 자립도 기본적으로는 장애인과 같이 생각하여야 한다.

리허빌리테이션은 고령자나 장애인을 중심으로 한 팀워크 작업이다. 의료, 복지의 고도화, 복잡화, 전문화에 따라 팀워크가 강조된다. 리허빌리테이션 팀은 오케스트라에 비유하기도 하는데, 오케스트라에서는 지휘자가 가장 중요하다. 의학적 리허빌리테이션에서는 의사나 간호사, 사회적 · 직업적 리허빌리테이션에서는 케어매니저나 사회복지사, 주거환경정비가 필요한 경우에는 주거복지사가 지휘자가 되어 직종에 상관없이 팀 작업의 진행, 조정하는 것이 중요하다.

3) 케어와 자립지원

(1) 개호, 개조, 케어의 의미

개호(介護)란 장애인 등의 입욕, 배설, 식사 등의 일상생활 행위를 돕는 것을 의미한다. 장애인 중에는 개호의 호(護, 도울 호)라는 글자에 강한 저항감을 나타내는 사람들이 많다. '도움은 필요하나 보호받을 존재는 아니다'라고 하는 것이 그 이유이다. 그 배경에는 본인의 선택이나 결정을 경시한 과도개호나 강압개호 등, 질이 나쁜 개호를 경험했을 가능성이 있다.

이에 개호를 개조라고 표현하기도 한다. 개조(介助)는 '손이나 눈, 귀의 부자유스러운 부분을 보충하기 위한 도움'을 의미한다. 그러나 실제로는 보호의 요소를 포함한 개호가 필요한 사람도 있다. 중증심신장애아, 중증의 지적장애인, 상태가 나쁜 때의 정신장애인, 중증의 치매성 고령자 등은 자기선택, 자기결정 시에 개호가 필요하다. 그러나 이 경우에도 개호자는 대상자의 주체성, 인권을 존중하고 어디까지나 그 대리인이라고 하는 기본자세를 잊으면 안 된다.

개호를 나타내는 영어는 케어(care)이다. 케어는 흔히 큐어(cure; 치료하다)

와 대비하여 사용한다. 의학이 진보하고, 장수사회가 된 지금 큐어보다 케어가 중요하다.

케어는 '신경을 쓴다, 배려한다, 유의한다, 고려한다, 따른다, 하고 싶다, 보살핀다, 도움을 준다, 좋아한다, 사랑한다, 원한다' 등의 의미가 있다. 즉 케어는 질환이나 장애를 치료한다거나 치유한다고 하기보다는 사랑을 가지고 신경을 쓴다거나 마음을 담아 보살핀다고 하는 의미가 강하며, 그 의미의 범위가 넓다. 간호, 개호, 개조, 리허빌리테이션, 의료행위 등을 모두 케어라고 해도 상관없으며, 지역케어, 재택케어 등과 같이 공간적 의미와 함께 사용하기도 한다. 최근에는 우리말인 돌봄을 케어의 의미로 사용하기도 한다.

(2) 자립지원

복지의 기본은 당사자의 의사존중을 기초로 하여 복지서비스를 자기선택으로 결정하고, 더욱 풍요로운 생활을 스스로 형성하는 것이다. 즉 격리수용이 아니라 지역이나 자택 등을 중심으로 한 안전, 안심, 쾌적한 생활환경을 만들기 위해서 사회자원, 인적자원을 활용하고 사람답게 생활할 수 있는 복지환경을 제공하고, 더 나은 생활의 질을 보장하는 것이 복지의 기본적인 사고방식이다. 특히 고령자나 장애인이 스스로 사회적 역할을 발견하고 생활을 쾌적하게 보내고 삶을 창조하도록 하는 것이 중요하다. 그리고 돌봄을 받아도 자기선택, 자기결정에 기초한 자기실현이 중요하다.

돌봄 전문직이 자신의 판단으로 일방적으로 지시나 명령을 하거나 돌봄서비스계획(케어플랜) 등을 강압하는 것은 자립을 지원하는 것이 아니다. 전문직이 돌봄을 받는 대상자를 무시하지 않고 대상자의 의사를 존중하고, 그 요구에 기초하여 현상을 분석하고 과제를 분명히 하면서 서비스 선택을 할 수 있도록 주체적인 참가를 유도하고, 그것을 받아들일 때까지 실천하는 것이 자립지원이다.

당사자의 의견이 존중되는 자립지원을 위해서는 다음과 같은 원칙을 지키는 것이 중요하다.

① 이용자가 주체적으로 선택할 수 있도록 다양한 서비스를 제공할 것
② 서비스 선택은 이용자의 자기결정을 원칙으로 한다. 이용자가 주체적으로 선택하고, 자기실현을 꾀할 때까지의 과정에서 필요로 하는 정보제공이나 조언, 혹은 학습의 기회보장 등의 지원을 계속할 것
③ 이용자의 거주장소는 가능한 한 지역사회에서 확보할 것
④ 자유로운 이동과 커뮤니케이션의 수단을 보장하고, 지역에서 양호한 인간관계를 유지하면서 사회, 경제, 문화 그 외 모든 활동에 주체적으로 참가할 수 있는 조건을 정비할 것
⑤ 이용자가 정책형성 과정에 참가할 수 있도록 보장할 것

돌봄의 궁극적인 목표는 자립이다. 이때 자립이란 '아무리 무거운 장애를 가지고 있더라도 필요한 경우 보건, 의료, 복지서비스를 이용하면서 지역사회 속에서 주체적으로 자기실현을 꾀하는 것'이다. 이런 자립을 지원하는 것이 돌보미의 역할이다. 그리고 다양한 서비스를 당사자의 요구에 맞추어 적절하게 조합하여 제공해 나가는 시스템이 지역 속에 만들어져야 한다. 최근 우리나라에서도 지역사회통합 돌봄 시스템구축을 위한 노력이 시작되었는데, 지역사회통합 돌봄이 자립지원 실현에 큰 역할을 할 것으로 기대된다.

돌봄의 목표인 자립지원을 위한 서비스는 다음과 같은 것이 있다.

① 정보제공, 광고활동 및 각종 상담
② 거주장소의 정비(복지홈, 생활기숙사, 그룹홈, 공영주택, 베리어프리 주택 등)
③ 다양한 일터, 활동장소의 정비(민간사업장, 일상적으로 다니는 시설, 소규모 작업장 등)
④ 보건, 의료서비스(유유아건강검진, 방문간호사업 등)

⑤ 기능훈련서비스

⑥ 개호, 가사원조서비스(홈헬프서비스 등 개호자서비스, 외출헬퍼, 단기간 숙박, 데이서비스 등)

⑦ 상담 및 소셜워커(장애인상담원, 피어카운슬러[2], 정신과 소셜워커 등)

⑧ 보호, 격려하는 지원시스템

⑨ 사회참가지원서비스(문화, 스포츠, 레크리에이션, 지역교류 등)

⑩ 교육서비스(교육상담, 교류교육, 복지교육의 충실 등)

⑪ 고용, 취업서비스(직업적 리허빌리테이션, 지역개척 등의 고용촉진)

⑫ 생활환경의 정비(복지의 마을만들기 등)

⑬ 이동, 교통서비스(리프트가 달린 승용차, 리프트가 달린 버스 등의 운행, 공공교통기관의 베리어프리화)

⑭ 커뮤니케이션 수단의 확보를 위한 서비스(점자, 녹음기, 수화 등)

⑮ 주택 개조서비스(상담, 개조, 설비개선 등)

⑯ 복지용구의 보급, 제공, 사용훈련 등의 서비스

⑰ 방범, 방재 등 생활상의 안전 확보와 관계된 방범서비스

⑱ 권리 옹호, 자산관리에 관한 서비스

전통적인 재활모델은 주로 전문가 중심으로 이루어졌다. 그러나 장애는 능력의 문제 또는 재활의 문제가 아닌 사회의 물리적, 심리적, 사회적 장벽의 해소를 통해서 해결되어야 한다는 점이 강조되면서 최근에는 재활(rehabilitation)모델이 아닌 자립생활(independent living)모델이 주목받고 있다.

---

2) 피어카운슬러(peer conselor)는 동일 질환이나 장애를 가진 사람을 대상으로 자신의 과거 경험을 통하여 상담, 조언자가 되는 것이 유효하다고 생각하며, 그것을 시행하는 사람이다. 또래상담사라고 하기도 한다.

표 2-2 ▌ 자립생활지원 서비스의 실천원리

원리	내용
비차별성(nondiscrimination) 원리	모든 연령의 장애인과 가족이 지원 서비스 체계에 참여할 기회를 얻어야 함
포괄성(comprehensiveness) 원리	제공되는 서비스 영역이 포괄적이어야 하며, 또한 모든 장애영역을 포함해야 함
형평성(equity) 원리	장애인이 불균형적인 부담을 갖지 않도록 보장해야 한다는 것으로, 소득수준이나 사회적 지위가 아닌 욕구에 기초한 서비스가 제공되어야 함
비용지불의 효용성(efficiency) 원리	프로그램 제공과정에서 발생하는 행정비용을 최소화하는 것을 의미함
소비자 통제 (consummer control) 원리	장애인이 자신의 독립생활을 위한 서비스를 주체적으로 선택하고 결정할 수 있는 권한을 확보하는 것

출처: 권오정 외 9인(2020), 2020 개정판 주거복지, p.522 내용을 표로 재구성.

자립생활지원 서비스의 실천원리를 종합하면, 자립생활지원 서비스는 서비스 제공자가 전문가로서의 우월적 지위를 갖고 시설중심의 일방적 서비스를 제공하는 것이 아니라, 이용 장애인이 자신의 욕구를 바탕으로 스스로 서비스를 조절하고 통제하는 것이라는 점을 강조하고 있다.

WHO는 더 적은 경비로 간편하고 폭넓게 재활서비스를 제공할 수 있는 재가중심의 재활접근모델로 지역사회중심 재활(CBR, community based rehabilitation) 실천을 제시하였다. WHO는 1979년에 이 사업을 권장하면서 1980년에 지침서를 만들어 실시함으로써 큰 성과를 거두었다. 장애인복지의 중요한 목표 중의 하나는 지역사회를 기반으로 하여 장애인과 그 가족의 삶의 질을 향상하는 것이다. 다시 말해 지역사회 주민들의 자발적인 참여를 기초로 하여 지역사회 주민의 생활이 장애인과 그 가족의 재활을 원조하는 유기적인 체제가 형성될 때 진정한 장애인복지와 재활이 실현될 수 있다는 것이다.

CBR은 지역사회 주민들에게 장애인의 재활에 대한 올바른 이해를 증대시키고 생활에 대한 공동책임 의식을 고취하며, 자조·자립의 의지와 능력을 강화하는 것이다. 이를 위해 장애인 본인과 그 가족 및 지역사회 주민을 훈련해 재활 요원화하는 것이다. CBR이란 장애인의 재활을 달성하기 위하여 지역사회의 자원, 즉 장애인과 그 가족 및 모든 지역사회의 인적, 물적 자원을 가동, 활용하고 이를 위하여 지역사회 수준에서 채택된 모든 방법을 포함하는 것이다.

표 2-3 ▌ 장애인서비스 패러다임

구분	재활 패러다임 (Rehabilitation Paradigm)	자립생활 패러다임 (Independent Living Paradigm)
문제(Problem)	장애인의 문제를 장애인이 가진 신체적, 정신적 장애 그 자체로 봄	장애인의 문제는 신체적, 정신적 장애 그 자체가 아니라 그로 인해 타인에게 의존하게 되는 것임
개인(Individual)	장애인을 고객·환자로 봄	장애인을 소비자로 봄
해결방안(Solution)	전문가의 개입이 필요	장애인의 자조(Self-help)와 장애의 제거, 옹호집단(advocacy)에 의해 이루어진다고 봄
바람직한 결과 (Desired Outcome)	장애인의 신체적 혹은 정신적 기능을 극대화하는 것	장애인의 자립능력을 최대화하고 자신의 일상생활에 자율성을 갖도록 함

출처: 권오정 외 9인(2020), 2020 개정판 주거복지총론, p.523, (주)이테시스.

4) 유니버설디자인

유니버설디자인(universal design)은 1990년에 미국에서 제정된 〈미국장애인법(ADA; Americans with Disabilities Act)〉에 의해 널리 알려졌다. 유니버설디자인이란 연령, 능력, 체격, 장애의 유무 등에 의한 구별이 없고 누구나가 사용하기 쉬운 디자인, 또는 이런 사고방식이나 프로세스를 말한다. 즉 모든 사람에게 유용한 디자인이기 때문에 범용(汎用)디자인이라고도 한다. 이전의 배리어프리디자인(barrier free design) 개념에 더해서 접근 가능한 디자인, 적응 가능한 디자인, 세대를 초월한 디자인 등의 기본 개념이 포함되어 있다. 따라서 복지적인 관점의 환경조성을 위하여 유니버설디자인을 적용하는 것이 유용하다.

유니버설디자인의 목적은 버팔로대학교의 포괄디자인과 환경접근센터에서 정의한 8가지를 많이 인용하며, 유니버설디자인 원칙은 노스캐롤라이나 유니버설디자인센터가 공표한 7원칙을 대표적으로 인용한다.

표 2-4 ▌ 유니버설디자인의 목적

목적	내용
1. 몸에 맞게(Body Fit)	사용자의 체구와 장애와 관련하여 넓은 범위에 맞춘다.
2. 편안하게(Comfort)	몸을 움직여 닿거나 잘 알아챌 수 있을 거라고 예상하는 한도 이내를 요구한다.
3. 알 수 있게(Awareness)	사용할 때 중요한 정보를 쉽게 알아챌 수 있겠다는 것이 확실하게 한다.
4. 이해할 수 있게 (Understanding)	작동방식이나 사용법을 직관적이고 명확하게 하고, 애매하지 않게 한다.
5. 건강에 도움이 되게 (Wellness)	질병을 피하고, 위험으로부터 보호함으로써, 보건 증진에 이바지하게 한다.
6. 사회통합에 이바지하게 (Social Integration)	모든 집단에 대해 존엄성을 인정하고 존중하며 대우한다.
7. 각자에게 맞게 (Personalization)	선택 기회를 주고, 개인 선호를 표현할 수 있게 한다.
8. 문화에 맞게 (Cultural Appropriateness)	문화적 가치와 사회적 환경적 맥락을 존중한다.

표 2-5 ▌ 유니버셜디자인의 7원칙

원칙 1. 공평한 사용(Equitable Use): 장애나 능력과 관련하여 다양한 사람에게 유용하고 시장성이 있도록 디자인한다.

① 모든 사용자가 같은 방법으로 사용할 수 있게 한다. 가능하다면 같이, 그게 안 된다면 동등하게.
② 어떤 사용자 집단을 다른 집단과 구분하거나, 낙인을 찍지 않는다.
③ 모든 사용자에게 프라이버시, 보안, 안전이 동등하게 제공되도록 한다.
④ 모든 사용자의 마음에 들도록 한다.

원칙 2. 사용상 유연성(Flexibility in Use): 개인 선호나 장애, 능력과 관련하여 넓은 범위에 맞출 수 있도록 디자인한다.

① 사용자가 여러 사용 방법 중에서 선택할 수 있도록 한다.
② 사용자가 왼손잡이든 오른손잡이든 접근해서 사용할 수 있도록 한다.
③ 사용자가 정확성과 정밀성을 기할 수 있도록 돕는다.
④ 사용자의 보폭이나 속도에 맞출 수 있도록 한다.

원칙 3. 간단하고 직관적인 사용(Simple and Intuitive Use): 사용자의 경험이나 지식, 언어, 집중도와 무관하게 이해하기 쉽도록 디자인한다.

① 필요 이상으로 복잡하지 않게 한다.
② 사용자의 기대와 직관에 부합하게 한다.
③ 사용자의 읽기 능력이나 언어 종류와 관련하여 넓은 범위에 맞출 수 있게 한다.
④ 중요한 정보부터 먼저 알아챌 수 있게 배치한다.
⑤ 처리를 하는 중에 그리고 처리한 후에는 그것을 알 수 있게 표시하고 피드백을 제공한다.

원칙 4. 알아챌 만큼 충분한 정보(Perceptible Information): 사용자의 감각 능력이나 환경 조건과 무관하게 사용자에게 충분한 정보를 효과적으로 전달할 수 있게 디자인한다.

① 필수 정보를 충분히 나타낼 수 있도록 여러 방식을 사용한다. 예를 들어 그림으로 표시하고, 소리로 알려주고, 만져서 알 수 있게 하는 등.
② 필수 정보와 부가 정보가 적절히 대비되도록 한다.
③ 필수 정보에 대해 판독 가능성을 극대화한다.
④ 묘사할 수 있는 다양한 방법으로 여러 요소를 차별화한다. 즉 어떻게 하라고 하거나, 방향을 가리키는 것을 쉽게 한다.
⑤ 감각에 제약이 있는 사람들이 사용하는 다양한 장치나 도구에 상응하도록 한다.

원칙 5. 실수를 고려(Tolerance for Error): 사용자가 잘못 쓰거나 예상하지 못한 행동을 하더라도 위험이나 역효과가 최소가 되도록 디자인한다.

① 위험과 실수가 최소가 되도록 요소를 배치한다. 가장 많이 쓰는 요소는 가장 접근하기 쉽게 하고, 위험한 요소는 제거하거나 분리하거나 감싸는 방식으로.
② 위험이나 실수에 관해 경고한다.
③ 실패하더라도 안전하게 한다.
④ 주의를 요구하는 일에서는 무의식적으로 행동하지 못 하게 한다.

원칙 6. 적은 물리적 노력(Low Physical Effort): 사용하기 편하고 피로를 줄이도록 디자인한다.

① 균형 잡힌 자세로 사용할 수 있게 한다.

② 필요할 때 저절로 작동하도록 한다.
③ 반복하는 동작을 최소로 한다.
④ 자세를 유지하기 위해 드는 힘을 최소로 한다.

원칙 7. 접근하고 사용하기에 적절한 크기와 공간(Size and Space for Approach and Use): 사용자의 체구, 자세, 이동성과 무관하게 접근하고 사용하기 편하도록 크기와 공간을 디자인한다.

① 사용자가 앉아 있든 서 있든 중요한 요소들이 잘 보이게 한다.
② 사용자가 앉아 있든 서 있든 모든 구성요소에 손이 닿도록 한다.
③ 다양한 크기의 손이나 손아귀에 맞춘다.
④ 보조기기나 개인별 보조장치를 사용할 수 있도록 적절한 공간을 제공한다.

우리나라의 지자체 중에서는 서울시가 2010년경 유니버설디자인을 선도적으로 도입해 2016년 '유니버설디자인 도시조성 기본 조례'를 제정하였으며, 2021년부터 공원을 포함한 서울시 모든 공공공간 및 시설의 유니버설디자인 적용이 의무화된다.

서울시 유니버설디자인의 기본철학은 '모든 시민이 안전하고 편리하게 살아갈 수 있는 도시환경 조성'이다. 이런 기본철학을 실제 디자인에 적용하고 평가하기 위한 서울시 유니버설디자인의 원칙은 편리, 안전, 쾌적, 선택가능이다. 적용범위는 가로, 공원·광장, 공공건축물의 3개 부문 7개 영역, 29개 세부항목이다.

표 2-6 ▌ 서울시 유니버설디자인의 원칙

원칙	내용
편리하다	• 나이, 지식, 능력 등과 관계없이 조작과 이용이 쉽다. • 필요한 정보를 직감적으로 이해할 수 있으며, 적절한 위치에 제공된다. • 시각, 청각, 촉각 등 다양한 감각을 사용하여 이해하고 판단할 수 있다.
안전하다	• 사용자 특성을 반영하여 위험요소를 제거하거나 미리 안내한다. • 조작이나 이용에 위험요소가 없으며 부주의한 실수에도 안전하다. • 유해한 환경을 예방하고 개선한다.
쾌적하다	• 주변 환경과 조화를 이루고 있다. • 청결하고 정돈되어 심리적으로 안정감을 제공한다. • 시각, 청각, 촉각 등을 적절하게 활용하여 매력을 느낄 수 있다.
선택 가능하다	• 다양한 지역적 특색을 고려하여 적합한 방법을 적용할 수 있다. • 사용자의 자세, 동작, 행동 패턴 등의 차이와 변화에 대응할 수 있는 다양한 방안을 고려하고 있다. • 수단이나 사용방법이 다양하여 상황에 따라 선택할 수 있다.

출처: 서울시 디자인정책과(2017), 서울시 유니버설디자인 통합 가이드라인, p.12.

2. 주거복지의 개념과 고유성

1) 일반적 개념

인간다운 삶을 영위하기 위해서는 기본욕구인 의식주(衣食住)가 충족되어야 한다. 특히 재화로서의 주택은 큰 비용이 소요되며, 지불능력이 부족한 저소득층은 개인의 경제능력으로 해결하기 힘든 경우가 많다. 따라서 주택은 인간의 가장 기본적인 복지요소 중 가장 큰 지원이 필요한 요소로 볼 수 있다.

우리나라에서는 2003년 〈주택법〉에 최저주거기준이 법제화되고, 주무부서인 국토해양부에 주거복지기획과가 신설되었다. 이로써 주거복지가 주택정책의 한 부분으로 본격적으로 다루게 되었다. 2020년 현재 국토교통부 주택토지

실 주거복지정책관이 주거복지정책, 공공주택, 민간임대정책 등 주거복지와 관련된 업무를 담당하고 있다.

개략적으로 볼 때 주거복지는 '주거빈곤층의 주거불안을 해소하는 것'이며, '국민의 주거수준을 향상하는 것'이다. 전자의 경우, 주거빈곤층을 대상으로 최소한의 주거수준 유지 또는 최저주거수준 이상의 주거소비 보장에 따라 주거복지의 내용이 달라진다. 후자의 경우, 계층별 주거소비의 격차를 축소하면서 전반적인 주거수준 향상 또는 계층별 주거소비의 격차와는 관계없이 전반적인 주거수준의 향상에 따라 주거복지의 내용이 달라진다.

주거복지 개념에 대한 논의를 종합해 보면, 주거복지는 단순히 주거에 복지서비스 제공을 추가하는 개념이 아니라, 주거정책을 복지적 차원에서 접근하는 형식이며, 공공성 강화를 통하여 특히 서민과 저소득층의 주거안정을 사회안전망 구축의 일부로 편입시키는 개념이라고 할 수 있다. 또한 더 나아가 주거복지 실현은 인간의 가장 기본적인 권리로서의 '주거권'이 실현되는 것이라고 볼 수 있다.

2) 사회복지적 관점에서의 주거복지

사회복지란 생존권을 보장하기 위해 고령자나 장애인 등에 대한 원조나 육성 등의 사회적 노력을 조직적으로 행하기 위한 제도나 서비스이다. 광의의 복지개념은 사회복지 이외에, 국민의 건강유지 및 증진을 위한 위생활동인 공중위생, 국민의 생존권 확보를 위한 국가적 보장을 지칭하는 사회보장 등에도 사용하는 포괄한 사고방식이며, 소득, 주택, 고용보장 등도 광의의 사회복지에 포함된다.

사회복지적 관점에서의 주거복지 개념은 복지를 잔여적(殘餘的)인 것[3]으로 설정하고 있다. 이러한 인식은 주거복지가 보편적인 것이 아니라 소수의 대상만을 위한 소수화(minority)가 될 우려가 있다.

따라서 사회복지적 관점에서 주거복지는 집합적 소비재인 주택에 대해 공공성의 논의를 포함해야 한다. 즉 주택 관련 자원에 대하여 시장성과 공공성을 어떻게 배분할 것인가에 대한 논의가 필요하며, 사회복지분야의 유용성이 있는 전달체계를 주거복지서비스에 접목하는 것이 좋다.

3) 주거학적 관점에서의 주거복지

주거가 복지의 기초라고 보는 것은 주택이 가족복지에 직접적인 영향을 미치기 때문이다. 주택과 가족복지와의 연계는 주택의 물리적 속성, 주택에 거주하는 가구의 특성, 근린주거환경의 측면 등을 통해서 이루어진다. 주택의 물리적 속성은 주거의 질(quality)과 안전(safety) 등, 가구의 특성은 주택규모, 비용, 주택에 대한 인식 등, 근린주거환경은 주택이 위치한 지역의 주거수준과 안전성의 문제, 일자리나 교육을 비롯한 여러 서비스에 대한 접근성을 포함한다.

주거학적 관점에서 본 주거복지는 모든 국민이 자신의 주거환경에서 주거서비스를 통해 최고의 만족을 얻는 것이다. 주거복지는 주거를 통한 복지이기 때문에 주거서비스를 이용한 결과이며, 주거복지를 시행하는 과정은 주택정책에 포함되어 있으므로, 주거복지는 주거-복지-주택정책의 세 가지 개념을 모두를 포함한다고 보고 있다.

주거복지의 개념은 그 대상에 따라서 협의와 광의의 개념으로 나누어 볼 수 있다. 협의적 개념은 시장에서 주택문제를 해결할 능력이 없는 국민을 대상으

---

3) 잔여적 복지는 가정이나 사회, 시장 등이 정상적인 기능을 상실했을 때 필요한 욕구를 충족시킬 수 없는 사람에게만 공공부조나 사회복지서비스를 한정적으로 제공해야 한다고 하는 관점의 복지이다.

표 2-7 ▌ 주거학 분야의 주거복지 개념

저자(연도)	주거복지 개념	
주거환경 연구원 (2005)	주거복지의 영역은 물리적인 주택공급의 한계를 넘어서 기존 주거기준 미달주택의 개량을 통한 노후 불량주택의 점진적 개선, 기존 임대주택단지 거주 임차인의 역량강화를 통한 임대주택 단지의 재생 및 관리개선, 주거 빈곤계층의 적정주택에서 안정된 주거를 기반으로 자활하여 공동체 형성을 돕는 등 사회경제적 측면을 통합해야 한다고 제안	물리적 환경과 사회경제적 측면에서 통합하여 접근
박남희, 최재순 (2006)	주거복지는 전 국민이 자신의 주거환경에서 주거서비스를 통해 최고의 만족을 얻는 것이라고 정의할 수 있고, 주거복지의 개념은 대상, 범위, 제도, 기관 측면에서 개별적인 분석을 통해 종합적인 접근이 이루어져야 한다고 함	주거복지 개념 모델 제시
주거학 연구회 (2006)	• 협의적 개념: 정부의 적극적인 개입으로 사회의 불평등을 해소하고 주거 빈곤에서 벗어나게 하며, 주거 불안전 요소를 제거하고 최저주거기준을 충족시키는 주거수준을 유지하도록 하여 저소득층의 주거안정을 도모함으로써 주거를 통한 국민의 복지를 증진하는 것을 의미함 • 광의적 개념: 저소득층 등 취약계층뿐만 아니라 중산층 이상을 포함한 국민 전체의 주거수준 향상으로 사회의 안정을 도모하고 복지를 증진하고자 시행하는 제반정책과 노력을 의미함	대상에 따라 협의의 개념과 광의의 개념으로 구분
장영희 (2011)	주거복지는 저소득층을 위한 주택정책 수단으로 물리적 측면뿐만 아니라, 사회적 측면까지를 포괄하는 개념으로 물리적으로 필요한 주택을 제공하거나 주거환경을 개선하는 것에서 더 나아가 지역사회에 근거한 사회적 유대관계를 구축하여 지역사회 차원의 보호 시스템을 구축하는 것을 포함한다. 따라서 주거복지는 주택뿐만 아니라, 지역사회 내에서 주거생활, 즉 지역사회에서의 통합적인 생활까지를 포함하는 개념임	
하성규 (2012)	주거복지란 주택 서비스의 제공 동기가 이윤추구만이 아니고, 주택 서비스 제공의 구체적 프로그램은 국가가 주택시장에 직·간접적으로 개입하여 제공하는 사회주택(공공임대주택) 혹은 임대료 보조 등으로 나타나며, 적정한 주거의 확보는 주거권으로 인식되는 것임	
이수욱 (2015)	주거복지는 가구의 거주와 관련해 경제영역에서 발생하는 문제를 최소화하는 것임. 복지가 사회의 안녕이라는 비경제적 요소까지 아우르는 넓은 개념이나 통상 경제적 번영으로 이해되는 것처럼, 주거복지도 가구가 거주하는데 있어 경제적 영역에서 발생할 수 있는 문제를 최소화하는 것으로 봄	
마이 홈포털 (2016)	"쾌적하고 안정적인 주거환경에서 인간다운 주거생활을 할 권리"의 실현을 목표로, 모든 국민이 "부담가능한 비용", "일정 수준 이상의 주거환경"을 누릴 수 있도록 제공하는 지원을 의미함	

출처: 권오정 외 9인(2017). 주거복지총론, p.52-53을 부분 발췌함.

로 국가가 적극적으로 개입하여 주거여건을 개선하는 것이다. 광의적 개념은 국민의 권리적 차원으로 접근하여 국민 전체를 대상으로 하는 복지이며, 중산층 이상 계층에게는 임대차 안정과 주거여건 개선, 주택보유의 안정성 향상, 주거 품질향상 등의 주거서비스도 포함되는 개념이다. 즉 주거복지는 국민의 주거권을 보장함으로써 국민의 주거안정과 주거수준을 향상하여 사회적 안정을 도모하고 복지를 증진하는 것이 궁극적 목표이다.

4) 주거복지의 고유성

주거복지의 목적은 이윤을 추구하기 위한 것이 아니라 적정한 주거에 대한 인간의 권리, 즉 주거권을 확보하기 위한 것이다. 구체적으로 보면 주거안정, 독립, 자활, 사회문제 예방, 주거의 질적 향상을 목표로 국가가 주택시장에 직간접으로 개입하며, 협의적 개념의 주거복지를 우선 고려하여 사회주택 혹은 임대료 보조 등의 구체적인 주거서비스를 제공하는 것이다.

주거복지의 실현 근거는 〈주거기본법〉, 〈주거급여법〉 등의 법률이며, 통합적, 공공적 시각을 가지고 주택, 사람과 생활, 주거문제, 주거약자 등을 대상

표 2-8 ▎ 주거복지와 사회복지의 비교

구분	주거복지	사회복지
근거	주거기본법	사회복지사업법
시각	통합적·공공적 시각	공공적 시각
대상	주택, 거주자와 주거생활, 주거문제, 주거약자	사회취약계층, 시설 보호대상자
범위	주거서비스지원(거주민, 주택, 동네, 지역사회 인적/물적 지원 대상)	재활, 교정서비스, 봉사
목표	주거안정, 주거수준 향상, 생활편의 강화, 공동체 기능 강화, 사회문제 예방	인권존중, 권리보장, 사회복지전문성, 지역사회복지체계 구축
대표기관	주거복지센터	사회복지관

출처: 권오정 외 9인(2020), 주거복지총론, p.77, ㈜이테시스.

으로 주택, 동네, 지역사회공간, 사회경제서비스의 범위에서 실현하는 고유성을 가지고 있다.

주거복지의 고유성은 크게 세 가지를 들 수 있다.

첫째, 주거복지는 거주자의 주거안정을 위해 주거문제를 진단·평가할 수 있는 주거분야의 지식과 실천에 전문성을 갖는다. 주거복지 현장에서 주택공급, 주거급여 등 복지서비스가 제공되어도 근본적인 주거문제를 해결하지 않은 상태에서 지원하면 그 효과가 감소하며, 궁극적으로 주거안정을 이루지 못하는 경우가 발생한다. 따라서 주거문제를 정확하게 진단하고 평가할 수 있는 전문성이 필요하다.

둘째, 주택개선을 위한 전문적 지원, 공사감리 및 운영관리 특성에 대한 이해를 바탕으로 한 물리적 부분(하드웨어)과 복지지원(소프트웨어)을 연계하여 거주자(휴먼웨어) 맞춤 지원을 계획, 실천하고 주거개선지원 사례관리 중심의 서비스를 제공하는 고유성을 갖는다. 즉 주거복지 관련 정보제공과 상담의 역할·수행과 주거의 물리적 측면을 개선하는 데에는 주택 전반에 관한 기초적 지식이 필요하다.

셋째, 주거복지는 모든 국민이 적절한 주거에서 생활하도록 관련 정책을 기획 실천하는 고유성을 가지며 주거복지 정보 및 아이디어를 제시하여 주민 주거교육과 역량을 강화하는 프로그램을 기획하고 실천하는 특성을 갖는다. 주거복지 실현을 위해서는 주거실태조사를 기초로 한 주택종합계획의 수립을 통해 민관공의 현장중심의 주거복지 연계 체제를 구축하고 현장중심의 실천적 주거복지 정책과 제도를 마련할 필요가 있다.

한편, 주거복지와 사회복지 영역은 차이점이 있으나 또한 상생효과를 낼 수 있는 관련분야이기도 하다. 즉 주거복지사가 주로 거주자를 중심으로 거주자의 생활공간인 주택(단지, 마을)과 그 안에서 이루어지는 주생활에 대한 문제에 접근하는 서비스를 제공하는 전문인력이라면, 사회복지사는 주로 사회구성원

중 인구계층(예를 들어, 노인, 장애인, 아동, 여성 등)이나 사회문제(예를 들어, 정신보건복지, 산업복지 등) 영역으로 분류하여 대상자에게 해결방법을 제안하는 전문인력이다. 즉 사회복지사는 거주자가 사회적 보호를 받아야 하는 계층인가를 파악하고 혜택을 받을 수 있는 복지프로그램을 연결하는 역할을 하며, 주거복지사는 거주자가 살면서 겪게 되는 공간적 요소와 생활적 요소의 주거문제를 파악하여 진단하고 이를 해결할 수 있는 자원을 연결하여 안전하고 쾌적한 주거환경과 커뮤니티를 형성해주는 역할을 한다. 따라서 이 두 분야의 전문인력이 상생효과를 낼 수 있도록 협동한다면 더욱 효과적으로 주거복지를 실현할 수 있을 것이다.

3. 주거권

주거권은 인간으로서의 존엄과 가치를 유지하는 데에 필요한 최소한의 주거수준이라고 할 수 있는 '적절한' 주거에 대한 권리를 의미한다. 주거는 여러 가지 권리 실현의 기본적인 토대이다. 즉 안정되고 적절하고 부담 가능한 거처는 적절한 수준의 생활을 위해 필요하며, 단순한 생존을 넘어서 인간다운 생활을 할 수 있게 하는 기본적인 토대이다. 주거는 생활의 기반이고, 인간이 누릴 수 있는 권리는 주거로 인하여 영향을 받는다. 따라서 주거권은 기본적인 인권 가운데 하나로 본다.

1) 사회권규약의 주거권

경제적 · 사회적 · 문화적 권리에 관한 국제규약(ICESCR; International Covenant

on Economic, Social and Cultural Rights, 이하 사회권규약)은 1966년 유엔에서 채택된 조약이며, 우리나라는 1990년 7월부터 제도적 효력을 발휘하였다.

사회권규약에서는 구체적으로 주거권을 명시하고 있다. 본 규약에 가입한 국가는 모든 사람이 적당한 식량, 의복과 주택을 포함하여 자기 자신과 가정을 위한 적당한 생활수준을 누릴 권리와 생활조건을 지속해서 개선할 권리를 가지는 것을 인정한다. 가입국은 그러한 취지에서 자유로운 동의에 입각한 국제적 협력의 본질적인 중요성을 인정하고, 그 권리의 실현을 확보하기 위한 적당한 조처를 한다(사회권규약 11.1).

그러나 여기에는 '적당한'의 내용에 대하여 구체적인 언급이 없다. 이를 보완하기 위해 유엔 사회권규약위원회는 1991년에 일반논평 4(General Comments 4)를 발표하였다. 일반논평 4는 '적절한 주거에 대한 권리(The right to adequate housing)'이다.

표 2-9 ▌ 적절한 주거에 대한 권리

권리	내용
① 점유의 법적 보장	임차인은 임차의 형태에 상관없이 강제퇴거의 위협 없이 임차기간을 보호받을 수 있어야 한다.
② 서비스, 물자, 시설, 인프라에 대한 가용성	깨끗한 물, 전기, 채광, 상하수도, 도로, 요리를 위한 에너지 사용, 세면시설, 음식물 저장 등, 필요한 시설과 설비 등이 갖추어져 있어야 한다.
③ 비용의 적절성	모든 사람은 자신의 경제적 처지에서 적절한 주거를 구할 수 있어야 한다.
④ 거주 가능성	주거공간이 너무 좁아서는 안 되며, 추위, 습기, 더위, 비, 바람 등을 막을 수 있는 수준이어야 한다.
⑤ 접근성	노인, 장애인, 어린이, 병자 등과 관계없이 접근하기 쉬워야 한다.
⑥ 위치	생활 활동의 기반으로부터 멀리 떨어져 있지 않아야 하며, 보건소, 학교, 탁아소 등의 사회적 시설들로부터 인접한 곳에 있어야 한다.
⑦ 문화적 적절성	주택의 재료나 형태 등의 문화적 다양성을 인정해야 한다.

2) 유엔의 주거권

유엔 인권위원회에서는 인간의 주거권 보장에 대하여 다음과 같이 정의하였다. 적절한 주거의 확보는 인간의 자유, 존엄성, 평등 그리고 안전을 위해 필수적이다. 주거권은 인간의 기본적인 권리이며 모든 국가는 자국민의 주거권 보장을 위해 최선을 다하여야 한다(UN Special Rapporteur on Housing Rights, August 1994).

1995년 유엔의 주거권에 대한 특별 보고서는 주거권을 다음과 같이 해야 한다고 하였다(Ravindar, 2005: para 4~5).

① 국가가 전체 인구를 위한 주택을 건설해야 한다.
② 요청하는 모든 이들에게 국가는 무료로 주택을 제공해야 한다.
③ 국가는 반드시 의무라고 여기는 주거권의 모든 측면을 즉각적으로 달성해야 한다.
④ 국가는 조건과 관계없이 국가 스스로와 규제되지 않는 시장에 대해 모든 사람에 대한 주거권을 보장하도록 하는 의무를 부과해야 한다.
⑤ 주거권은 모든 상황과 위치에서 정확하게 같은 방식으로 나타난다.

이어서 유엔 특별보고관은 주거권을 일반적으로 다음과 같이 균형감을 가지고 현실적으로 이해해야 한다고 제시하였다(Ravindar, 2005: para 12).

① 국가는 다른 인권들과 일관성을 유지하면서 모든 사람이 건강, 안녕, 안정을 위해서 적절한 주거 자원에 접근할 수 있도록 가능한 한 모든 수단을 활용하여 노력해야 한다.
② 어떤 사람이 홈리스이거나 부적절한 주거상태에 있거나 주거권과 관련된다고 여겨지는 일련의 권한을 확보하는 것이 전반적으로 가능하지 않을 때, 주거 자원의 제공이나 그것에 대한 접근권을 사회에 요청하거나 요

구할 수 있다.

③ 국가는 기대되는 법적 의무에 따라 직접적으로 관련된 권리를 구성하고 있는 요소들 각각에 대한 정책을 이행하고, 법적인 인정을 의미하는 일련의 수단들을 수행해야 한다.

이같이 국가는 일반적으로 요청하는 모든 사람을 위해서 주택을 건설하고 제공해야 할 의무가 있다고 볼 수는 없지만, 특정한 상황이나 특정한 집단에 대해서 법적 의무를 수행해야 마땅하고 또 전반적인 주거권 상황을 개선하기 위해서 노력해야 할 의무가 있다. 또한 주거권을 전반적으로 실현하기 어려운 상황에 있는 사람들은 사회에 도움을 요청하는 것이 당연하고 그럴 권리가 있다. 국가는 법으로 이런 권리의 내용을 구체적으로 정하고 정책으로 실현해가야 한다.

1996년 UN-HABITAT와 OHCHR(Office of the High Commissioner for Human Rights)는 공동으로 주거권에 대한 전문가 회의를 통하여 국가의 핵심적인 역할에 대하여 다음과 같이 언급하였다. "적절한 주거에 대한 인권을 실현하는 것과 관련하여 국가 역할의 핵심적인 내용에는 점유의 안정성 제공, 주거 영역에서 차별을 예방하고 줄이는 것, 불법적이고 집단적 퇴거의 예방, 홈리스 문제의 해결, 주거가 필요한 개인과 가족을 위한 참여 절차의 촉진이 포함된다. 특별한 경우, 국가는 자연적이거나 사람들에 의해 초래된 재난의 영향을 받은 사람과 사회에서 가장 취약한 집단에 주택제공을 포함한 직접적인 지원을 제공해야 할 수도 있다." 이와 같은 사안 중에서 국제사회에서 가장 중요한 쟁점이 되었던 것은 홈리스 문제와 강제퇴거였다.

3) 국내법에서의 주거권

헌법에는 '주거권'이라는 명문 규정은 없다. 그러나 사회권의 기본 권리로써 주거권에 대하여 다루고 있다. 헌법 제35조에서 '모든 국민은 건강하고 쾌적한 환경에서 생활할 권리를 가지며, 국가는 주택개발정책 등을 통하여 모든 국민이 쾌적한 주거생활을 할 수 있도록 노력하여야 한다.'라고 하는 쾌적한 주거생활권을 언급하고 있다.

즉 헌법에서는 인간의 존엄과 행복추구권, 평등권, 인간다운 생활권 등을 통해 사회권을 기본적인 권리로 표방하고 있으며, 그 안에는 주거에 대한 권리 역시 포함되어 있다.

이는 〈주택법〉 제1조(목적)에서 '국민의 주거안정과 주거수준의 향상이 이바지', 〈도시 및 주거환경정비법〉 제1조에서 '주거생활의 질을 높이는데 이바지함'을 언급하는 등 다른 주택 관련 법률에서도 마찬가지로 주거권을 명시적으로 규정하지는 않았다.

한편, 2015년에 제정된 〈주거기본법〉에서 주거권에 대한 정의를 내리고 있다. 제1조(목적)에서 '이 법은 주거복지 등 주거정책의 수립·추진 등에 관한 사항을 정하고 주거권을 보장함으로써 국민의 주거안정과 주거수준의 향상에 이바지하는 것을 목적'으로 한다고 언급하고 있으며, 제2조(주거권)에서 '국민은 관계 법령 및 조례로 정하는 바에 따라 물리적·사회적 위험에서 벗어나 쾌적하고 안정적인 주거환경에서 인간다운 주거생활을 할 권리를 갖는다'라고 언급하고 있다. 즉 〈주거기본법〉이 제정되기 이전에는 선언적으로 주거권에 대하여 언급하였으나, 〈주거기본법〉에서 명시적으로 주거권에 대하여 언급하고 있다.

따라서 국내법에서 주거권은 '물리적·사회적 위험에서 벗어나 쾌적하고 안정적인 주거환경에서 인간다운 주거생활을 할 권리'라고 정의 내리고 있다.

4. 주거복지의 대상과 모형

1) 주거복지의 대상

주거복지는 국민 모두를 대상으로 주거안정과 주거수준 향상을 목표로 하며, 주거복지의 범위는 하드웨어, 소프트웨어, 휴먼웨어 측면으로 나눌 수 있다.

① 하드웨어 측면

개별주택(내부 환경) 측면에서는 최저주거기준의 달성, 취약계층의 주거기반 제공(사회적 약자, 노인·소년소녀가장 가구, 한부모 가구), 노후 불량주택 개보수 지원, 유니버설주택 공급 및 개보수 지원 등이다.

주거단지(동네)/근린환경(커뮤니티) 측면에서는 공동체 문화 형성을 위한 단지 및 커뮤니티 설계, 사회혼합을 촉진하는 단지 및 커뮤니티 설계, 공공임대주택의 확대 공급, 노후 불량주거지 정비지원 등이다.

하드웨어 측면은 주호단위에서 주거동/단지/동네, 더 나아가 커뮤니티에 이르기까지 그 범위를 넓힐 수 있다.

② 소프트웨어 측면

소프트웨어 측면에서는 자활촉진 프로그램(시장참여계층으로의 유도), 주거비 지불능력 향상, 커뮤니티 활성화를 통한 지역사회 통합 촉진(임대주택단지의 사회적 배제 방비), 임차인 임파워먼트(임대주택단지 생활개선, 참여 확대) 등이다.

③ 휴먼웨어 측면

주거복지 관련 정보제공과 상담의 역할·수행과 주거의 물리적 측면을 개선하는 데에는 주택 전반에 관한 기초적 지식이 필요하다. 즉 주택개선을 위한 전문적 지원, 공사감리 및 운영관리 특성에 대한 이해를 바탕으로 한 물리적 부분(하드웨어)과 복지지원사업(소프트웨어)을 연계하여 거주자(휴먼웨어) 맞춤 지원을 계획하고 실천한다.

한편, 주거복지는 주거서비스를 통하여 얻어지는 상태이다. 즉 우리는 주거 행위를 통하여 주거서비스를 소비하고 그 대가로 주거비를 지불하며, 주거서비스의 소비결과로 얻는 주거효용이 주거복지이다.

주거서비스는 물리적 서비스(주택기획, 건설, 공급, 유지관리, 리모델링, 개량), 경제적 서비스(금융지원, 주거급여 등의 정보제공, 상담서비스), 생활서비스(개인 및 공동체 활동서비스, 교육)로 구성되어 있다.

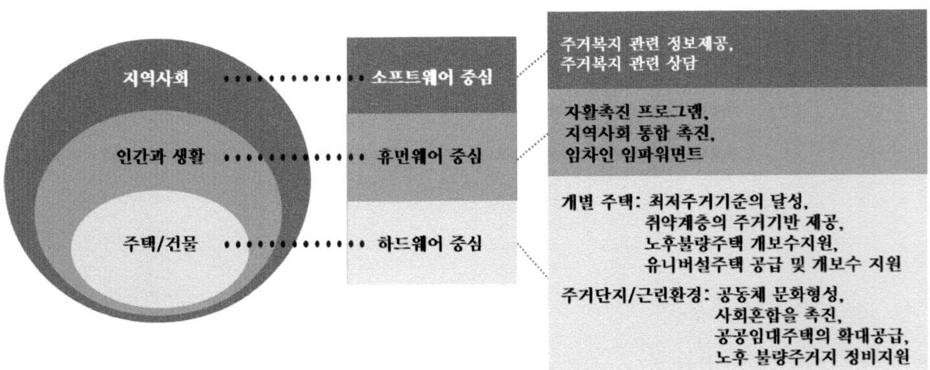

그림 2-3 ▌ 주거복지의 대상

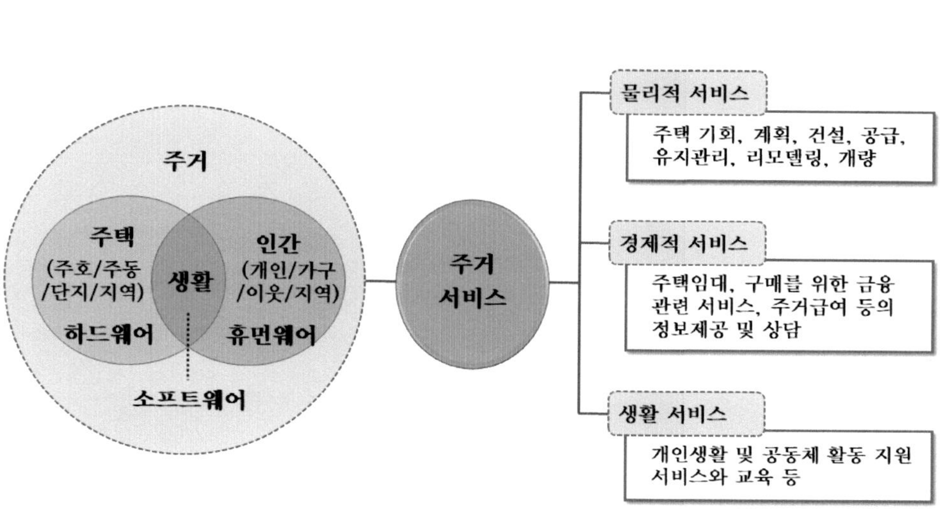

그림 2-4 ▌ 주거서비스의 개념

출처: 하성규 외(2020), 주거서비스 인사이트, p.28, 박영사.

2) 주거복지 모형

복지는 안락하고 만족한 생활, 건강, 물리적인 풍요, 행복과 기타 안녕(well-being)에 관한 상태나 조건을 뜻한다. 그래서 복지정책은 구체적으로 소득, 주택, 의료, 고용, 교육의 5가지 영역에서 이 같은 목적을 실현하고자 하는 것이 일반적인 추세이다.

복지국가 유형별 주거복지 모형의 특성은 다음과 같다.[4)]

(1) 자유주의형 주거복지

자유주의 복지국가(liberal welfare state)에서 주택은 제도화된 복지서비스의 대상이라기보다는 시장 소외계층에 대한 잔여적 의미의 복지서비스 대상이다. 미국 등의 자유주의 모형에서는 자유시장 경제원리를 핵심으로 하고 빈민층에 대한 최소한의 정부 개입이 있을 뿐이다. 이 모델에서는 복지서비스 제공

4) 대체로 하성규 외(2012), 한국주거복지정책, 박영사를 참고로 수정 보완하였음.

이 탈상품화 · 계층화 효과를 내기 때문에 전반적인 자가주택 위주의 주택정책에 초점이 맞추어져 있다.

자유주의 주거복지정책을 펼치고 있는 나라는 미국, 캐나다, 영국, 일본, 등이다.

미국의 주거복지정책은 홈리스대책, 공공임대주택 수선, 자가 취득, 민간투자 등이다. 주택정책기구는 도시개발성, 지방주택국이다. 입주대상은 소득수준을 고려하여 하위 25%, 극빈자와 차상위계층이다. 입주선정은 건설비 지원과 운영비 보조 등이다.

캐나다의 주거복지정책은 저소득층을 위한 사회주택의 공급, 임대료 보조, 주택구매를 위한 저리의 금융지원 등이다. 지방정부 중심으로 공급되는 사회주택은 전체 주택물량의 5% 정도 수준에 불과하며, 사회주택의 종류는 비영리주택, 협동주택, 공공임대주택이다. 임대료 보조는 추가임대료의 지급과 주택수당으로 구분된다. 추가임대료 지원은 시장 임대료와 부담가능한 임대료의 차이를 지원하는 방식이다.

영국의 주거복지정책은 자가률 향상, 민간차가에의 투자 촉진, 지방정부급 주택협회 효율화, 기존 스톡활용 등이다. 주택정책기구는 환경성, 지방정부와 주택조합이며, 공급주체는 지방정부이다. 입주대상은 불량주택 철거민 및 지체장애인에게 우선권을 주며, 입주자의 소득제한은 없다. 입주선정은 점수제, 등록기간 순위제이며, 공공지원은 저리융자, 운영비 보조, 공적 주택에 대한 금융지원, 주택자금대출 상환이자에 대한 소득공제 등이다.

일본의 주거복지정책은 안정된 생활을 영위할 양호한 주거환경을 가진 주택확보 등이다. 주택정책기구는 건설성, 주택금융공고, 도시정비공단, 지방자치단체이다. 입주대상은 재해발생에 의한 재해자이며, 소득수준을 고려한다. 입주선정은 점수제, 선착순, 경쟁 시 추첨을 하며, 공공지원은 건설비 지원, 공공임대주택 개선에 대한 보조, 주택금융에 대한 공적 관여 등이다.

표 2-10 ▌ 자유주의형 주거복지

구분	미국	캐나다	영국	일본
정책 방향	홈리스대책, 공공임대주택 수선, 자가 취득, 민간 투자 등	사회주택의 공급, 임대료 보조, 주택구입 금융지원	자가율 향상, 민간임대 투자 촉진, 지방정부의 주택협회 등 효율적 운영	안정된 생활을 영위할 양호한 주거환경을 가진 주택의 확보
정책 기구	도시개발성, 지방주택국	주정부, 지방정부	환경성, 지방정부, 주택조합	건설성, 주택금융공사, 도시정비공단, 지방자치 등
공급 주체		지방정부	지방정부	공영주택/공단주택 공급
입주 대상	소득수준 고려 하위 25%, 극빈자와 차상위계층	지역 소득분위 60% 이하 저소득층 중 원주민, 최초이민자, 장애인, 고령자, 가정폭력피해자 및 저소득 근로자	불량주택 철거민 및 지체장애인에게 우선권, 소득제한은 없음	재해발생에 의한 재해자, 소득수준 고려
입주 선정		선착순	점수제, 등록기간 순위제	점수제, 선착순, 경쟁할 때(공급<수요) 추첨
공공 지원	건설비 지원, 운영비 보조	사회주택(비영리주택, 협동주택, 공공임대주택) 공급, 추가 임대료지원, 주택수당, 자가매입 금융지원	저리융자, 운영비 보조, 공적 주택에 대한 금융지원, 주택자금 대출 상환이자에 대한 소득공제	건설비 지원, 공공임대주택 개선에 대한 보조, 주택금융에 대한 공적 관여 등

(2) 조합주의형 주거복지

조합주의형 복지국가(corporatist welfare state)에서 주택은 현재의 지위를 보장해주기 위한 서비스 대상이므로 잔여적이면서 한편으로는 사회주택의 공급을 통해 제도적 보장도 부분적으로 이루어지는 모델이다. 이 모델에 속하는 국가에서는 다양한 계층과 직업에 맞는 주택을 공급하고 시장이 국가를 대신해서 주거복지를 공급한다.

조합주의 주거복지정책을 펼치고 있는 나라는 독일, 프랑스, 오스트리아,

호주 등이다.

독일의 주거복지정책은 자가률 향상, 임대주택건설 촉진, 기존 스톡의 활용, 지역환경문제 대응 등이다. 주택정책기구는 주택성, 조정위원회이며, 공급주체도 주택성과 조정위원회이다. 입주대상은 소득수준을 고려한다. 입주선정은 선착순이며, 공공지원은 건설비 지원, 경비융자나 보조, 저축 장려금, 건물분 토지가옥세 면세 등이다.

프랑스의 주거복지정책은 적정한 부담의 양질의 주택을 제공하고 적정한 주거비 부담 보증, 적정한 수준 유지 등이다. 주택정책기구는 공공임대사회주택(HLM, Habitation Loyer Modéré)기관과 민간이고, 공급주체는 HLM이다. 입주대상은 소득수준 고려, 분양우선권 계층이다. 입주선정은 선착순, 점수제이며, 공공지원은 건설비 지원, 주택금융에 대한 공적 관여, 주거비 부담액 보조 등이다.

오스트리아의 주거복지정책은 지방정부와 주택조합이 주체가 되어 사회임대주택을 공급하고, 사회주택의 임대료를 제한하는 형식이다. 사회임대주택의 비중이 26% 수준이며, 비영리주택연합(GBV) 중심의 주택조합이 공급하는 임대주택이 2/3 수준이고 나머지 1/3은 지방정부가 운영한다. 지방정부가 주택조합에 저금리의 대출을 제공하는 대신 임대료 제한을 하며, 임대료 수익의 지출을 제한한다.

호주의 주거복지정책은 주정부 주택국(SHA, State Housing Authority) 중심의 공공임대주택의 보급과 임차료 보조지원 등이다. 공공임대주택의 입주대상은 소득 및 자산기준으로 선정되며 통합된 신청서를 통한 대기자 우선순위로 입주하게 된다. 임대료는 입주자의 소득수준에 근거하여 책정함으로 모든 가구의 주거지불능력을 고려하고 있다.

표 2-11 ▌ 조합주의형 주거복지

구분	독일	프랑스	오스트리아	호주
정책 방향	자가율 향상, 임대주택건설 촉진, 기존 주택의 활용, 지역환경 문제 대응	적정한 부담의 양질의 주택을 제공하고 적정한 주거비 부담 보증, 적정한 수준 유지 등	사회임대주택의 공급, 임대료 제한	공공임대주택의 보급, 임차료 보조지원
정책 기구	주택성, 조정위원회	HLM 기관과 민간	지방정부, 주택조합	주정부 주택국(SHA)
공급 주체	주택성, 조정위원회	HLM(저가임대료 주택 보급 기관)	지방정부, 주택조합	SHA, 자치주, 비영리기관
입주 대상	소득수준 고려	소득수준 고려, 분양우선권 계층		소득수준 고려
입주 선정	선착순	선착순, 점수제		대기자 우선순위
공공 지원	건설비 지원, 경비융자나 보조, 저축 장려금, 건물분 토지가옥세 면세 등	건설비 지원, 주택금융에 대한 공적 관여, 주거비 부담액 보조 등	지방정부가 주택조합에 저금리의 대출을 제공	연방정부에서 비영리기관에 재정 지원, 임차료지원

(3) 사회민주주의형 주거복지

사회민주주의형 복지국가(social democratic welfare state)에서는 주거권이 보편적 권리로서 인정된다. 국가가 주거문제 해결을 위해 토지의 국유화 및 주택의 공공성을 강화한다. 공공부문이 중산층 이상에게도 사회주택 공급을 통해 주거복지를 해결하기 위한 노력을 하고 있다. 이 모델은 탈상품화의 효과가 가장 크며 계층 간의 효과가 가장 작은 복지모델이다. 따라서 국가의 단일체계에서 주거서비스를 사회적으로 공급하게 된다. 이 유형에서는 사회(공공)주택의 제공으로 주거복지 향상을 꾀한다.

사회민주주의 주거복지정책을 펼치고 있는 나라는 스웨덴, 핀란드, 덴마크, 네델란드 등이다.

스웨덴의 주거복지정책은 모든 국민이 부담 가능한 주택을 공급하여 국민에게 최적의 복지를 제공하는 것이다. 주택정책기구는 국토계획성, 주택성이며, 공급주체도 국토계획성, 주택성이다. 입주대상 및 입주선정, 공공지원은 없다.

핀란드의 주거복지정책은 정부 및 지방정부의 예산과 공공주택기금으로 공공임대주택을 공급하고 있다. 주거복지정책의 목표는 지역적·사회적 주택시장의 안정, 홈리스 해결, 주택의 질적 향상, 합리적 주택가격 형성, 부담능력에 적합한 주택의 접근성 향상 등이다.

덴마크의 주거복지정책은 주거를 필요로 하는 모든 국민을 대상으로 태어나서 죽을 때까지 필요한 모든 주거형태를 제공하는 것을 목표로 한다. 우선순위는 지역적 상황을 고려하지만 입주자격이나 기간에는 제한을 두지 않는다. 공급의 주체는 지방정부, 협동조합, 비영리 민간기관이며 지방정부의 공공대출이나 공공보증을 통한 금융지원이 이루어진다. 2015년 기준 사회주택의 비중이 22.2%로 세계 3위를 기록하였다.

네덜란드의 주거복지정책은 주택협회가 주도하는 사회주택의 공급, 주택점수제를 통한 임대료 규제, 주거비 보조의 3가지 방식으로 이루어진다. 민간기구인 주택협회에 자율성이 보장되지만 공공성을 중심으로 운영이 되며 건물의 용도, 밀도 등은 지방정부와 협의하여 결정하고 상업적 활동으로 수익이 발생하더라도 공익사업 재원으로 재투자된다. 또한 주택마다 여러 항목을 적용하여 점수를 매기고 점수에 따라 임대료가 결정되며, 매년 주택점수에 따른 임대료 상한선을 고시하여 인상률을 제한한다. 주거수당은 소득의 일정 비율 이상을 임대료로 지불하지 않게 하기 위한 제도로 임차인의 1/3 정도가 임대료 보조를 받고 있으며, 소득계층별로 소득대비 임대료 비율이 결정된다.

표 2-12 ▌ 사회민주주의형 주거복지

구분	스웨덴	핀란드	덴마크	네델란드
정책 방향	모든 국민에게 부담가능한 주택을 공급	주택시장의 안정, 홈리스 해결, 주택의 질적 향상, 합리적 주택가격 형성, 부담능력에 적합한 주택의 접근성 향상	주거를 필요로 하는 모든 국민을 대상으로 태어나서 죽을 때까지 필요한 모든 주거형태를 제공	사회주택의 공급, 주택점수제를 통한 임대료 규제, 주거비 보조
정책 기구	국토계획성, 주택성	정부, 지방정부	지방정부	지방정부
공급 주체	국토계획성, 주택성	정부, 지방정부	지방정부, 협동조합, 비영리 민간기관	주택협회
입주 대상	모든 국민	모든 국민	모든 국민	모든 국민
재정 지원		정부·지방정부의 예산, 공공주택기금	지방정부의 공공대출이나 공공보증	

5. 주거복지의 업무내용과 전달체계

1) 주거복지의 업무내용

대통령령으로 정하는 주거복지업무(주거기본법 시행령 제16조 제2항)는 다음과 같다.

① 주택조사 등 주거급여 업무

② 공공주택특별법에 따른 영구임대주택 단지 등 공공임대주택의 운영, 관리

③ 취약계층 주거실태조사

④ 저소득층 주거문제 상담 및 주거복지 정책 대상자 발굴

⑤ 지역사회 주거복지 네트워크 구축

⑥ 그 밖에 주거복지 관련 전문성이 요구되는 업무이다.

한편, 국가공인 민간자격인 주거복지사의 직무내용은 다음과 같다.

표 2-13 ▌ 주거복지사의 직무내용

① 지역의 주거복지 실태조사 및 분석
② 주거복지 대상자 발굴
③ 주택개조 지원서비스 제공
④ 주택상태 점검
⑤ 주생활 상담 및 거주 고충상담
⑥ 주거복지 프로그램 상담, 정보제공 및 사례관리
⑦ 공공임대주택 간 주거이동 지원
⑧ 지불 가능한 임대주택 및 자가주택 탐색지원
⑨ 취약계층의 주거생활
⑩ 민/관/공과의 주거복지 네트워크 구축
⑪ 주거복지서비스 지원을 위한 외부자원 발굴 및 연계
⑫ 커뮤니티 활성화 프로그램 기획 및 관리
⑬ 주거복지 관련 주민교육 및 홍보
⑭ 공공 및 민간 임대관리
⑮ 주거복지사업 제안 및 정책 수립

출처: 주거복지사 자격검정사업단 https://www.housingwp.or.kr

대통령령의 주거복지업무와 주거복지사의 직무내용을 통하여 주거복지의 업무 내용을 크게 구분하여 살펴보면 다음과 같다.[5)]

① 주거문제 상담과 정보제공

주거관련 민원접수와 처리, 주거생활 상담, 공동생활 · 이웃관계 · 소외감 등 거주 고충상담, 물리적 구조물과 신체 여건 등으로 인한 거주불편사항점검, 취약계층 주거지원 상담, 임대주택 탐색과 입주 지원, 자가주택 마련 상담, 주거복지제도와 금융상담과 사례관리, 주거급여 업무 안내와 정보제공 등

5) 권오정 외 9인(2020), 2020 개정판 주거복지총론, pp.78–79, (주)이테시스.

② 조사, 평가, 기획

주거실태조사의 행정업무, 주거실태조사의 조사원 업무, 주거실태조사의 분석과 결과보고서 제시, 주거급여 사업 대상자의 데이터 구축과 정리, 거주자에 대한 주거복지서비스 만족도 조사, 실내환경 오염 등 환경관련 실태조사·연구와 사례관리, 기타 주거복지 관련 조사, 평가 기획 등

③ 주택개선(개량) 서비스

노약자 배려 공간개선의 디자인 지원, 저소득층 자가주택의 개보수 지원을 위한 노후화 평가기준 및 대안 제시, 수선·보수·개량·개조 서비스 제공을 위한 공간계획 지원, 주택안전 점검, 주택 에너지 효율개선 지원, 시설물 점검 및 보수계획서 작성 등

④ 주거교육

주거복지 의식교육, 공동생활의식·예절·이웃관계 형성 교육, 각종 주거복지 정책과 프로그램 교육과 홍보, 입주조건이나 수혜 가능 서비스 등 정보교육, 주택관리·커뮤니티 활성화 관련 교육 등

⑤ 커뮤니티 개선과 주거복지자원 네트워크 구축

지역대학·사회복지관·보건소·경찰서 등 지역사회 인프라의 연계, 사회공헌·주거복지 프로그램의 개발과 운영, 주거복지 프로그램 지역주민과의 연계, 주민간의 커뮤니티 형성과 활성화 지원, 커뮤니티 공간 발굴과 활동, 지역복지자원 수집과 자원연계 모색 등

2) 주거복지의 전달체계

전달체계란 정책 및 프로그램을 공급자와 수혜자간에 상호 연결시켜 주는 매개체로, 전달체계를 통하여 정책 및 프로그램의 대상자 선정, 자격요건 및 지원내용 등에 관한 정책이 실현되는 것이다. 이러한 전달체계는 전달자와 수혜자의 상호관계에 의한 직접 전달하는 집행절차와 서비스 전달을 기획, 지원 및 관리하는 행정절차로 구성된다.

주거복지의 전달체계는 정책 및 프로그램, 사업을 공급자와 수혜자 간에 상호 연결시키는 매개체로써 수요자에게 주거복지서비스 공급자를 조직적으로 연결한다.

광의적 전달체계는 상부의 행정체계로부터 규제, 지원 및 감독을 받으며 서비스를 전달하는 것(서비스의 기획, 지원, 관리 행정체계)이며, 협의의 전달체계는 서비스 전달자와 서비스 수혜자와의 대면적 상호관계를 통하여 서비스 전달업무를 실제로 집행하는 사회적 체계이다.

따라서 주거복지서비스 전달체계를 이해하려면 전달자와 수혜자가 상호관계를 이루면서 서비스를 직접 전달하는 절차인 협의의 개념과 함께 서비스 전달을 기획, 지원 및 관리하는 행정체계인 광의의 개념을 함께 이해하는 것이 중요하다.

우리나라 주거복지정책은 2000년대를 기점으로 패러다임이 변화하였다. 2000년대 이전에는 정부의 주도의 거버먼트(government)의 형태로 주거복지정책이 시행되었다. 하지만 2000년대 초반부터 주거복지서비스 전달에 있어서 정부(공공부문)와 민간부문의 협력이 강조되기 시작하였으며, 정부와 민간부문의 협치를 의미하는 거버넌스(governance)의 방식이 나타났다. 즉 우리나라 주거복지서비스의 전달체계는 중앙정부에서 지방정부로 복지정책이 전달되고, 기초지방자치단체에서 민간이나 공공자원과 연계하여 수혜자에게 서비스를 전달하는 유기적 구조로 볼 수 있다.

그러나 주거복지서비스의 전달단계가 많아 집행까지 시간과 노력이 많이 소요되며, 현장의 상황 파악이 어렵고 피드백을 할 수 있는 체계가 미흡하다. 이를 개선하기 위해서는 주거복지 전문인력의 양성을 보다 적극적으로 시행하여야 한다.

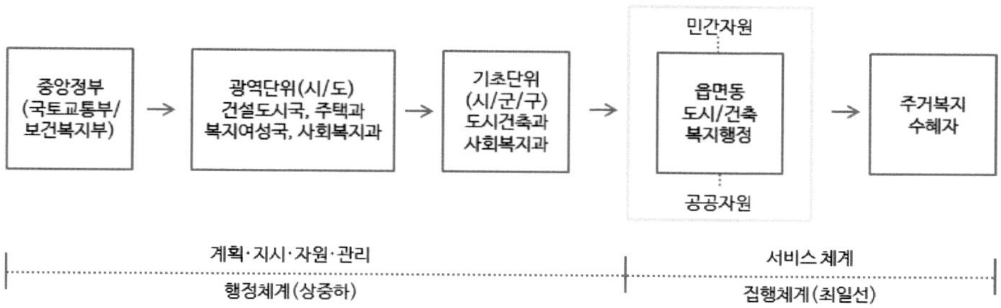

그림 2-4 ▌ 주거복지서비스 전달체계의 개념

출처 : 권오정 외 9인(2020). 주거복지총론, p.115, ㈜이테시스.

6. 주거복지 전문가와 협력가

1) 주거복지 전문가와 전문기관

(1) 주거복지사

주거복지 실현을 위해서는 주거복지서비스를 전달하고 주거복지 업무를 수행할 수 있는 전문인력이 필요하다. 가장 대표적인 전문가는 주거복지사이다. 주거복지사[6]는 '주택과 주거에 대해 이해하고 거주자-생활-주택-지역 간의 관계를 복지적 차원에서 접근할 수 있는 영역에 대한 지식, 즉 주거복지정책과

6) 주거복지사는 주거복지사 자격검정사업단(https://www.housingwp.or.kr) 홈페이지 참조할 것.

제도, 주거환경개선과 개조, 주거상담과 커뮤니티 개선, 주거복지자원 발굴과 연계, 주거실태조사와 평가분야 등에서 전문지식을 갖추고 주거공간 계획에 관한 실무경험을 바탕으로 자력으로 주거문제를 해결하기 어려운 가구의 주거안정을 위해 주거서비스를 지원하는 전문인력'이다.

〈주거기본법〉에서는 주거복지 전문인력을 양성하기 위한 국가 및 지방자치단체의 의무를 규정함(제24조 제1항)과 동시에 주거복지업무를 효율적으로 수행하기 위하여 국가, 지방자치단체 및 공공기관과 주거복지 전문인력을 우선하여 채용·배치할 수 있음을 규정하고 있다(제24조 제3항).

주거복지사는 주거환경에 대한 거주자의 요구사항을 파악하고, 주거환경 정비의 방향과 방침결정, 주거약자와 그 가족, 의료관계자와 주거환경 정비에 관계한 전문가 등 관련자의 의견조정에 이르기까지 일련의 흐름을 조율하는 중요한 역할을 담당한다. 따라서 주거복지사는 주거약자의 관점에 서서 주거약자의 정보나 경험을 종합적으로 파악하고, 판단하고, 해결책을 제시하여야 한다.

주거복지사는 다음과 같은 역할이 요구된다.

① 주거복지사는 주거약자의 관점에서 고령자나 장애인의 주택 내에서의 생활을 종합적으로 분석하고 문제점을 지적할 수 있어야 한다.

고령자는 오랫동안 생활한 곳에 익숙하여 생활의 불편, 부자유스러움에 대해 인식하지 못하거나 불편함을 느껴도 개선해야겠다고 생각하지 못한 경우가 많다. 따라서 주거복지사는 고령자의 생활내용을 관찰하고, 그의 관점에서 불편함을 찾아내어야 한다. 예를 들어, 좌식생활에서 의자식 생활로 변경하거나 재래식 변기에서 양식 변기로 교체하는 등, 생활환경개선이 고령자의 생활을 안전하고 편안하게 만들 수 있는지 판단하여야 한다. 고령자나 장애인이 생활의 불편, 부자유스러움을 호소할 때는 왜 그런가, 어떻게 하면 좋은가를 함께 생각하는 것이 주거복지사가 해야 할 일이다.

② 주거복지사는 고령자나 장애인, 의료관계자, 사회복지사, 요양보호사, 건축관계자 등, 모든 관계자로부터 정보를 수집하고 문제점과 과제를 정리할 수 있도록 업종 간의 의견조정 능력을 익혀야 한다.

주거환경정비는 많은 사람의 이해와 노력이 필요하며, 타 직종과의 연대도 필요하므로 좋은 인간관계를 구축하는 일이 중요하다.

③ 주거복지사는 구체적인 주거환경정비의 과제에 대해 빠르고, 정확하게 대응하여야 한다.

한편, 주거복지사가 갖추어야 할 소양(지식, 기술, 능력)은 소명의식과 직업의식, 주거복지 관련 지식(주거복지 정책과 제도, 법률, 금융, 전달체계), 주민에 대한 이해와 커뮤니케이션 능력, 상담기술, 주거복지업무에 대한 정보 수집 능력, 주민의 이웃 관계에 대한 이해와 갈등조정 능력, 주거복지서비스 측정 및

표 2-14 ▌ 주거복지사의 고객에 대한 윤리기준

① 주거복지사는 고객의 권익옹호를 최우선으로 삼고 인간으로서 존중하며 전문가로서의 능력을 최대한 발휘하여야 한다.
② 주거복지사는 고객의 자기 결정권을 최대한 존중하고 보호하는 것을 원칙으로 하되 정신적, 신체적인 판단이 정상적이지 않을 경우 그들의 이익을 최대한 대변하여야 한다.
③ 주거복지사는 직무 수행에서 얻은 고객의 사생활 및 개인 정보를 철저히 보호하고 그에 대한 비밀을 유지하여야 하며, 그 정보를 활용하여야 하는 경우 고객의 동의를 얻어야 한다.
④ 주거복지사는 업무와 관련하여 고객과 신체적, 정신적 접촉을 함에 있어 윤리에 위배되는 행위를 하지 않아야 한다.
⑤ 주거복지사는 취약계층 고객의 인권존중과 인간평등을 원칙으로 저들을 옹호하고 대변하는 일을 주도해야 한다.
⑥ 주거복지사는 직무 수행에서 얻은 고객의 사생활 및 개인 정보를 철저히 보호하고 그에 대한 비밀을 유지하여야 하며, 그 정보를 활용하여야 하는 경우 고객의 동의를 얻어야 한다.
⑦ 주거복지사는 업무와 관련하여 고객과 신체적, 정신적 접촉을 함에 있어 윤리에 위배되는 행위를 하지 않아야 한다.
⑧ 주거복지사는 취약계층 고객의 인권존중과 인간평등을 원칙으로 저들을 옹호하고 대변하는 일을 주도해야 한다.

출처: 주거복지사 현장실습매뉴얼, p.70 주거복지사 윤리강령 중 일부 발췌.

평가 능력, 지역사회 네트워크 구축능력 등이다.

(2) 주거복지 전문기관

국가 및 지방자치단체가 주거복지 관련 정보제공 및 상담, 주거 관련 조사의 지원, 임대주택 등의 입주·운영·관리 등과 관련한 정보의 제공, 주거복지 관련 기관·단체의 연계지원, 주택개조 등에 대한 교육 및 지원, 주거복지 관련 제도에 대한 홍보 및 그 밖에 주거복지와 관련된 사항 등을 위한 주거복지센터를 둘 수 있으며, 이를 LH공사 또는 지방자치단체에서 조례로 정하는 기관에 위탁할 수 있다(주거기본법 제 22조 및 동 법 시행령 제14조).

주거복지센터는 2019년 기준으로 전국에 총 41개소 운영되고 있다. 이 중 서울 26개소, 경기도 4개소, 대구, 전북, 제주지역이 각 2개소, 부산, 인천, 충남, 충북, 강원지역이 각 1개소이다. 이를 보면 광역지자체 중 경북, 경남, 전남, 울산, 광주, 대전지역에는 주거복지센터가 1곳도 없다.

2) 주거복지의 협력가

(1) 의료보건전문가

의사나 간호사 등 의료보건전문가는 주택개조나 복지용구의 활용에 관여하고, 의료행위나 의학적 관리에 관해서 상담이나 연락조정이 필요한 협력가이다.

(2) 요양보호사

요양보호사는 돌봄서비스를 주로 담당하면서 돌봄 전 과정에 있어서 대상자를 지원한다. 대상자가 가장 효과적으로 보건, 의료, 복지서비스를 받을 수 있도록 하며, 그들이 사람다운 삶을 영위할 수 있도록 지지한다. 즉 요양보호사는 노인의료복지시설이나 재가노인복지시설 등에서 의사 또는 간호사의 지시에 따라 장기요양급여수급자에게 신체적, 정신적, 심리적, 정서적 및 사회적 보살핌을 제공한다. 그리고 의사, 간호사와 가족으로부터 대상자에 대한 정보를 수집하여 요양보호서비스 계획을 세우고 대상자의 청결유지, 식사와 복약 보조, 배설, 운동, 정서적 지원, 환경 관리 및 일상생활 지원 업무를 수행한다.

요양보호사는 모든 과정에서 모든 관계자에 대해 대상자의 의견을 중시하고 대상자 중심으로 업무를 수행하여야 한다. 또 서비스계획을 수립할 때도 대상자와 관련자 등과 합의하고, 다각적 시점에서의 종합판단과 역할분담에 의한 협동이 가능하게 해야 한다.

따라서 요양보호사는 대인서비스에 있어서 필요한 커뮤니케이션 기술이나 상담서비스 기술에 덧붙여 케어매니지먼트 능력이 요구된다. 이를 위해 대상자의 심신의 상태나 돌봄조건 등 생활상황을 종합적으로 파악하고 이해하기 위한 지식이 필요하다. 특히 재가요양보호사의 경우에는 대상자의 생활상황과 주거환경과의 관계를 파악하여 필요한 서비스를 할 수 있도록 하는 주거복지사와의 협업이 유효하다.

(3) 주거환경개선 관련 직종

주거약자는 공간 사용에 어려움을 느끼는 경우가 많으며, 이를 해결하기 위해서는 주택개조를 비롯한 주거환경을 개선할 필요가 있다. 주거환경개선 관련 직종은 다양하나, 건축가나 실내건축기사가 대표적이다.

주거환경개선 관련 직종의 전문가는 대상자의 요구를 정확하게 파악하여 제약조건을 고려하여 환경개선 내용의 기획, 제안 등을 함과 동시에 공사 실시에 있어 관련자들의 다양한 의견을 조율하여야 한다.

(4) 복지용구 관련 직종

복지용구란 심신기능이 저하되어 일상생활에 지장이 있는 대상자에게 일상생활· 신체활동 지원 및 인지기능의 유지·기능 향상에 필요한 용구이다. 현재 〈노인장기요양보험법〉에서는 복지용구급여를 실시하고 있다. 구입품목 10종(이동변기, 목욕의자, 성인용보행기, 안전손잡이, 미끄럼 방지용품(미끄럼방지매트, 미끄럼방지액, 미끄럼방지 양말), 간이변기(간이대변기·소변기), 지팡이, 욕창예방 방석, 자세변환용구, 요실금팬티와 대여품목 7종(수동휠체어, 전동침대, 수동침대, 이동욕조, 목욕리프트, 배회감지기, 경사로), 그리고 구매 또는 대여 품목 1종(욕창예방 매트리스)을 지정하여 서비스를 제공하고 있다.

복지용구를 판매 또는 대여하는 사업장에서는 상담사를 배치하여 이용자의 신체상황, 가정환경 등을 충분히 파악한 후에 선정에 대한 조언, 이용자에 대한 적합 상황을 확인하는 것이 바람직하다.

복지용구 관련 직종의 종사자는 고령자나 장애인의 자립촉진이나 개호를 행하는 자의 부담경감을 위해 필요한 복지용구의 계획하고 조언하기 위해서 복지용구에 관한 지식과 적용에 관한 기술을 가져야 한다.

3) 관련직의 네트워크

주거약자의 재택생활을 지원하기 위해서는 여러 전문직종이 연대할 필요가 있다. 현재 주거복지 정보에 대한 접근성 향상을 위해 온라인 원스톱 주거지원 안내시스템인 마이홈 포털(www.myhome.go.kr)이 2016년 1월부터 운영되고 있다. 이 사이트를 통하여 가구별 상황에 맞는 주거지원정책 및 신청적격 여부를 진단할 수 있고 임대주택 및 주변가격 정보 등을 조회할 수 있다. 그러나 이는 임대주택을 대상으로 하고 있으므로 모든 국민에게 적용하기에는 미흡한 점이 있다. 따라서 보편적 주거복지의 확대를 위해서는 공공과 민간, 분양과 임대, 공동주택과 단독주택 등 다양한 주택특성에 맞는 주거지원 안내시스템이 필요하다.

주거복지를 실제로 실행하기 위해서는 전문가와 관련직의 네트워크가 무엇보다도 필요하다. 네트워크의 형식은 다음과 같다.

(1) 행정 내부연대형

동일 행정처 내에서 할 수 있는 한 전문직을 확보하는 체제로 주택개조상담을 행한다. 예를 들어, 시청 내의 주거복지 담당부서가 코디네이터가 되어 민간의 지원을 받아 시청 내의 보건과 건축 담당부서의 협업으로 주거약자의 주택 개조 상담을 하는 방법이다. 연대부서는 시청 내의 보험, 복지, 건강, 건축 관련 부서이며, 이는 주로 창구에서의 주택 개조 상담이 중심이 된다.

(2) 민간전문직 참가형

행정처의 복지관련직이 중심이 되어, 민간전문직이 연대하여 주택개조 상담을 한다. 예를 들어, 시청의 복지관련 부서의 직원이 코디네이터가 되어 민간전문가의 협력을 얻어 사회복지사 등의 지구담당자가 접수한 주택 개조 상담을 한다. 연대기관은 주거복지센터, 재가요양지원센터, 시청 내의 재택서비스, 건강과 관련된 부서 등이다. 이는 창구대응 외에 시공자의 인력풀을 이용하거나 복지용구의 보급 등을 한다.

(3) 전문기관 분담형

공적인 전문기관이 중심이 되어, 행정처의 복지관련직과 연대하여 역할분담을 하고, 주택개조 상담을 한다. 예를 들어, 주거복지센터의 담당직원이 코디네이터가 되어, 사회복지사, 요양복지사, 건축가 등이 팀을 만들어 주택개조 상담을 한다. 연대기관은 주거복지센터, 보건소, 재가요양지원센터 등이다. 시공자와 주거복지센터가 계약하고 대상자를 소개하거나 복지용구 보급 등을 한다.

(4) 민간복지기관 연대형

민간의 사회복지법인 등이 행정에서 사업을 수탁받아 주택 개조 상담을 한다. 예를 들어, 시청에서 수탁받은 재가요양지원센터의 간호사가 코디네이터가 되어 병원이나 재가요양지원센터의 사회복지사나 주거복지사가 연대하여 주택개조 상담을 하고 있다. 필요에 따라 의사나 복지용구제조회사의 지원을 받는다. 연대기관은 병원, 방문간호시스템, 재가요양지원센터, 주거복지센터, 복지용구제조회사 및 판매점, 신체장애인 상담소, 시공자 등 광범위하다. 또는 사회복지사가 코디네이터가 되어 사회복지사협회에 속한 요양복지사, 간호사, 민간의 건축사, 시공자 등과 연대하여 주택개조 상담을 한다. 연대기관은 주거복지센터, 보건소, 종합병원, 대학의 관련학과, 설계사무소, 복지용구제조회사, 재가요양지원센터 등 광범위하다. 이런 민간복지기관 연대형은 담당자 연수, 시민교육, 복지용구의 전시 등을 할 수도 있다.

(5) 보건의료기관 연대형

방문간호서비스 등을 행하는 보건의료기관이 중심이 되어 주택개조 상담을 하는 방법이다. 예를 들어, 방문간호서비스센터에서는 간호사, 건축사, 작업치료사, 복지용구 관련자 등이 재활병원, 보건소, 주거복지센터와 시청의 주택관련 부서와 연대하여 주택개조 상담을 할 수 있다.

(6) 외부기관중심형

민간기관이나 봉사활동단체, 민간영리단체 등이 주체가 되어 주택개조 상담을 하는 방법이다. 예를 들어, 봉사활동단체를 중심으로 하여 요양보호사, 간호사, 의사, 건축사, 시공자, 사회복지협의회, 주거복지센터, 장애인복지센터, 병원 등과 연대하여 주택개조 상담을 할 수 있다.

참고문헌

권오정 외 9인(2017), 주거복지총론, ㈜이테시스.
권오정 외 9인(2020), 2020 개정판 주거복지총론, ㈜이테시스.
김병학, 박지현, 이임란(2013), 요양보호사, 시스컴출판사.
김혜승 외(2004), 주거복지 지원 및 전달체계 구축방안 연구, 국토연 2004-28.
서울시 디자인정책과(2017), 서울시 유니버설디자인 통합가이드라인.
선종국, 은난순, 지은영(2018), 주거복지사 현장실습매뉴얼, (사)한국주거학회 주거복지사 자격검정사업단.
이애련 외(2009), 지역사회복지론, 학현사.
장애인권리협약, http://hrlibrary.umn.edu/instree/K-disability-convention.html
장애인복지법, 동시행령, 동시행규칙.
주거기본법, 동시행령, 동시행규칙.
주거복지사 원격교육원(2017), 주거복지개론, ㈜이테시스.
주거복지사 자격검정사업단 홈페이지, https://www.housingwp.or.kr
통계청(2019), 장래인구특별추계(2017-2067년) 보도자료.
하성규 외(2012), 한국주거복지정책, 박영사.
하성규 외(2020), 주거서비스 인사이트, 박영사.
헌법.
松下和子 외 2인(1993), 高齢者の在宅ケア, 有斐閣.

CHAPTER

03 주거실태와 평가

1. 주거불평등과 최저주거기준
2. 주거실태조사
3. 주거복지지표

1. 주거불평등과 최저주거기준

1) 주거불평등

불평등은 사회 여러 곳에서 발생하며, 객관적 지표보다는 상대적인 지표의 영향이 큰 경우가 많다. 상대적 빈곤율은 소득불평등의 지표 중 하나이며, 중위소득의 50% 이하에 해당하는 가구의 비율을 말한다. 이는 곧 빈곤가구의 규모를 나타내는데, 우리나라의 상대적 빈곤율은 2018년 16.7%로 2011년의 18.6%에서 크게 개선되지 않고 있다. 2017년 기준 한국의 상대적 빈곤율(17.4%)은 미국(17.8%)에 비해 낮지만 영국(11.9%), 독일(10.4%), 프랑스(8.1%) 등에 비해 높으며, OECD 국가 중 2위이다.[1)]

주거불평등은 소득수준과 경제력이 다른 계층 간에 발생하는 주택 구매 및 소비의 불평등을 말한다. 주택 구매와 소비는 소비자의 소득수준과 경제력에 의해 좌우된다. 그런데 일반 소비재의 경우 고소득층과 저소득층의 소비수준의 불평등이 크지 않으나 주택의 경우는 매우 크다. 이를 완화하기 위하여 많은 국가에서는 공공주택을 공급하고, 주택수당을 지급하며 임대료를 규제하는 등의 주택정책을 시행하고 있다.

통계청이 발표한 '사회통계조사'에 의하면[2)] 2010년 기준으로 주택보급률이 100.5%인데 비해 자가비율은 절반 정도에 해당하는 54.3%였으며, 주택점유형태도 전세비율이 감소하는 반면 보증부 월세나 무보증 월세의 비율이 점차 증가하고 있는 경향을 보인다.

주택보급률(Diffusion Ratio of House)은 일반가구수에 대한 주택수의 백분율로 산정한다. 2008년 이전의 경우, 1인가구가 가구수에 포함되지 않았고, 다

1) 국가지표체계, http://www.index.go.kr
2) 2010년 이후는 등록센서스방식에 의한 신주택보급률이 통계자료에 적용된 것임.

세대주택은 한 가구로 계산하였으나, 2008년 이후 새로운 주택보급률(신주택보급률)이 도입되었다.

표 3-1 ▌ 신주택보급률과 주택의 점유형태별 분포

	신주택 보급률(%)	자가(%)	전세(%)	보증부 월세(%)	무보증 월세(%)	사글세(%)	무상(%)
2010	100.5	54.3	21.7	18.2	2.0	1.3	2.7
2012	101.1	53.8	21.8	18.6	2.7	0.3	2.8
2014	101.9	53.6	19.6	21.8	1.4	0.7	2.8
2016	102.6	56.8	15.5	20.3	2.7	0.7	4.0
2017	103.3	57.7	15.2	19.9	2.6	0.8	3.9
2018	104.2	57.7	15.2	19.8	3.3	–	4.0
2019	–	58.0	15.1	19.7	3.3	–	3.9

출처: 국가통계포털 https://kosis.kr(2020).

소득계층별[3] 주택점유형태를 살펴보면, 자가비율은 고소득층이나 중소득층은 증가하는 반면, 저소득층은 감소하는 경향을 보인다. 점유형태의 공통적인 특성은 전세비율은 조금씩 감소하는 반면 월세의 비율은 해마다 조금씩 증가하는 경향을 보이는 것이다.

주거형태에 따른 가계지출항목을 살펴보면, 주거·수도·광열에 해당하는 주거비의 지출비율이 자가는 5.49%, 전세는 4.64%, 월세는 19.21%[4]로 나타난다. 이같이 저소득층일수록 월세의 비율이 높고, 월세의 주거비 지출이 많다는 것을 알 수 있다.

한편, 주거격차란 차입한 주택자금의 상환액이나 임대료 등을 측정하기 위해 표준적인 주택소비 비용과 중·저소득층 가구가 합리적으로 부담할 수 있는

3) 소득분위: 각년도 주거실태조사 기준(저소득층: 1~4분위, 중소득층: 5~8분위, 고소득층: 9~10분위)
4) 2019년 통계청(http://kostat.go.kr)의 주거형태별 가구당 월평균 가계지출 기준.

표 3-2 ▌ 소득계층별 주택 점유형태

년도	구분	자가(%)	전세(%)	보증부 월세(%)	무보증 월세(%)	사글세(%)	무상(%)
2012	저소득층	50.5	13.8	26.4	4.9	0.7	3.8
	중소득층	51.8	26.9	16.9	1.6	0.1	2.7
	고소득층	64.6	27.7	5.9	0.6	0	1.2
2014	저소득층	47.5	14.2	29.4	2.9	1.7	4.2
	중소득층	52.2	23.3	21.4	0.6	0.2	2.3
	고소득층	69.5	20.8	7.7	0.2	0.2	1.6
2016	저소득층	46.2	12.9	28.7	5.2	1.4	5.6
	중소득층	59.4	18.1	17.8	1.1	0.3	3.4
	고소득층	73.6	15.9	7.6	0.6	0.1	2.2
2018	저소득층	47.2	11.6	29.1	6.6	–	5.4
	중소득층	60.1	18.1	16.9	1.5	–	3.5
	고소득층	75.2	16.1	6.2	0.4	–	2.0
2019	저소득층	46.4	10.9	29.5	7.2	–	5.9
	중소득층	59.6	18.7	17.4	1.2	–	3.2
	고소득층	76.1	15.3	6.2	0.4	–	1.8

출처: 국가통계포털 https://kosis.kr(2020)

능력과의 차이를 나타내는 개념이다. 주거격차는 선진국에서 주택수당을 계산하는 데 사용되고 있다.

주거복지를 실현하기 위해 공공주택을 공급하고 주택수당을 지급하고 임대료를 규제하는 등 주택정책을 펴는 과정에서 주거불평등을 나타내는 척도로서 주거격차와 주거불이익은 객관적인 지표로 활용된다.

2) 최저주거기준

우리나라에서는 주거기준에 관한 관심을 1985년부터 시작하였으며, 서울시에서는 1997년 최저주거기준을 설정하고 이를 통해 최저주거기준 미달가구의 실태를 파악하였다. 그 후 2003년 〈주택법〉에 주거기준에 대한 내용이 추가되었고, 건설교통부가 2004년에 최저주거기준을 공고(건설교통부공고 제2004-173호, 2004.6.15, 제정)하였다.

이후 〈주거기본법〉에서 최저주거기준을 설정(제17조)하였다. 최저주거기준은 쾌적하고 살기 좋은 생활에 필요한 최소한의 주거수준에 관한 지표이다. 최저주거기준에는 주거면적, 용도별 방의 개수, 주택의 구조·설비·성능 및 환경요소 등 대통령령으로 정하는 사항이 포함되어 있으며, 사회적·경제적인 여건의 변화에 따라 그 적정성이 유지되어야 한다.

〈주거기본법시행령〉에서 최저주거기준 내용(제12조)으로 ① 가구구성별 최소 주거면적, ② 용도별 방의 개수, ③ 전용부엌·화장실 등 필수적인 설비의 기준, ④ 안전성·쾌적성 등을 고려한 주택의 구조·성능 및 환경기준을 제시하고 있다.

표 3-3 ▍ 최저주거기준

제1조(목적) 이 기준은 주택법 제5조의2 및 동법시행령 제7조의 규정에 의하여 국민이 쾌적하고 살기 좋은 생활을 영위하는 데 필요한 최저주거기준을 설정함을 목적으로 한다.
제2조(최소 주거면적 등) 가구구성별 최소 주거면적 및 용도별 방의 개수는 〈별표〉와 같다.
제3조(필수적인 설비의 기준) 주택은 상수도 또는 수질이 양호한 지하수 이용시설 및 하수도시설이 완비된 전용입식부엌, 전용수세식화장실 및 목욕시설(전용수세식화장실에 목욕시설을 갖춘 경우도 포함한다)을 갖추어야 한다.
제4조(구조·성능 및 환경기준) 주택은 안전성·쾌적성 등을 확보하기 위하여 다음 각호의 기준을 모두 충족하여야 한다.
1. 영구건물로서 구조강도가 확보되고, 주요 구조부의 재질은 내열·내화·방열 및 방습에 양호한 재질이어야 한다.
2. 적절한 방음·환기·채광 및 난방설비를 갖추어야 한다.
3. 소음·진동·악취 및 대기오염 등 환경요소가 법정기준에 적합하여야 한다.
4. 해일·홍수·산사태 및 절벽의 붕괴 등 자연재해로 인한 위험이 현저한 지역에 위치하여서는 안 된다.
5. 안전한 전기시설과 화재 발생 시 안전하게 피난할 수 있는 구조와 설비를 갖추어야 한다.

출처: 국토해양부 공고 제2011-490호.

표 3-4 ▌ 가구구성별 최소 주거면적 및 용도별 방의 개수

가구원 수(인)	표준 가구구성1)	실(방) 구성2)	총주거면적(㎡)
1	1인 가구	1 K	14
2	부부	1 DK	26
3	부부+자녀1	2 DK	36
4	부부+자녀2	3 DK	43
5	부부+자녀3	3 DK	46
6	노부모+부부+자녀2	4 DK	55

1) 3인 가구의 자녀 1인은 6세 이상 기준
4인 가구의 자녀 2인은 8세 이상 자녀(남1, 여1) 기준
5인 가구의 자녀 3인은 8세 이상 자녀(남2, 여1 또는 남1, 여2) 기준
6인 가구의 자녀 2인은 8세 이상 자녀(남1, 여1) 기준
2) K는 부엌, DK는 식사실 겸 부엌을 의미하며, 숫자는 침실(거실겸용 포함) 또는 침실로 활용이 가능한 방의 수를 말함
3) 비고 : 방의 개수 설정을 위한 침실분리원칙은 다음 각호의 기준을 따름
1. 부부는 동일한 침실 사용
2. 만 6세 이상 자녀는 부모와 분리
3. 만 8세 이상의 이성자녀는 상호 분리
4. 노부모는 별도 침실 사용

출처: 국토해양부 공고 제2011-490호.

최저주거기준은 최소한도의 기준이며, 최저주거기준에 미달하지 않은 주거환경이라고 해서 쾌적한 또는 적정한 주거환경은 아니다. 이에 국민의 주거수준 향상을 유도하기 위한 지표로서 유도주거기준을 설정·공고할 수 있다(주거기본법 제19조)고 정하고 있다. 그러나 유도주거기준에 대한 구체적인 내용은 아직 마련되지 않았다.

최근 주택의 지속적 공급 확대와 가구원수 감소 등으로 인해 1인당, 가구당 주거사용면적은 계속 증가하고 있으나, 가구원수별 주거사용면적은 1인가구가 다인가구에 비해 상대적으로 작다는 점이 지적되고 있다. 이에 가구원수에 따른 적정 주거면적 사용기준을 설정하기 위해 국민주택규모의 조정이나 세분화 또는 유도주거기준 설정 등을 검토할 필요가 있다.

한 관계를 개선하기 위하여 만든 지침 또는 행동방안이다. 모든 국민은 적절한 수준의 주거를 합리적인 비용으로 구할 수 있어야 하지만, 주택공급의 지역 간·소득계층 간 불균형적 배분문제, 주택가격의 상승과 주택구매력의 문제, 주택금융과 수혜대상의 문제, 주거지 분리와 차별, 특수계층의 주택, 불량주택, 도시빈민, 불량촌 재개발의 문제 등 다양하고 복잡한 문제들을 가지고 있다.

따라서 주거복지정책의 방향을 설정하기 위해서는 먼저 주거정책의 명확한 목표를 설정하여야 한다. 우리나라에서 주거복지라는 용어가 주거정책에 명시적으로 사용하기 시작한 것은 2000년대 초이다. 〈주택법〉에 '주거복지가 주택정책이 추구하는 궁극적인 정책목표'임을 선언하고, 이에 근거하여 최저주거기준을 도입하였다. 그 후 2015년에 〈주거기본법〉이 '주거복지 등 주거정책의 수립·추진 등에 관한 사항을 정하고 주거권을 보장함으로써 국민의 주거안정과 주거수준의 향상에 이바지하는 것'을 목적으로 제정되었다.

주거복지정책이 필요한 주택문제는 양적 문제와 질적 문제로 나눌 수 있다.

양적 문제는 주택 스톡의 양에 관한 것으로 적정량보다 많아도 혹은 적어도 양적 문제가 발생한다. 주택 스톡이 균형 수준에 미달하면 주택가격이 상승하므로 신규주택건설이 촉진되고, 주택 스톡이 균형 수준에 접근하면 가격은 점차 하락하고 신규건설도 균형 수준으로 접근한다.

질적 문제는 주택가격이나 주거비에 대한 부담 능력이 낮은 주거수준의 주택이나 열악한 주거환경에서 생활할 때 나타난다. 우리나라는 현재 주택보급률 100% 이상이므로 양적 문제는 어느 정도 해결되었다고 보고 질적 문제 해소에 힘쓰고 있다.

주거복지정책의 목표는 주거지원을 통해 취약계층의 자립을 유도하는 것이다. 무조건 지원하면 수혜자의 의존성을 높이고, 자존감을 떨어뜨리며 예산 낭비가 된다. 그러므로 근로능력이 없는 고령자, 장애인 등 취약계층은 사회가 책임지고 복지지원을 하고, 근로활동이 가능한 사람에게는 일자리를 제공하여 경제적 자립을 지원하는 것이 바람직하다. 이를 위해서 주거복지 전달체계를 효과적으로 구축해야 하는데, 이때 주거뿐 아니라 노동, 의료, 기타 사회복지 서비스가 상호 연계될 수 있도록 조직과 인력을 구성해야 한다.

주거복지정책은 모든 국민을 대상으로 수립하여야 하지만 우선순위는 있다. 즉 특정계층, 이때 특정계층이란 취약계층뿐만 아니라 그 시기 및 특정지역 등 집중적으로 주거지원을 할 필요가 있는 대상을 먼저 고려하여야 한다. 이러한 특정계층을 중심으로 주거복지정책을 수립하고, 국가 및 지자체 차원에서의 지원체계를 구축하여야 한다.

주거복지정책의 근본적인 목적은 취약계층의 자립 및 삶의 질 향상을 유도하는 것에 있으며, 주거복지를 향한 정책적 개입 정도 및 수준은 국가의 복지 기조 및 주택시장의 동향을 근간으로 결정된다.

우리나라의 주거복지정책을 살펴보면, 1980년대에 부분적으로 주거복지 및 복지이념에 관한 논쟁이 등장하였으며, 주거권 및 주거복지는 1996년 제2차 유엔인간정주회(Habitat Ⅱ)에서 강조된 주거권 개념에 대한 논의로부터 시작되었다. 2000년대 이전까지는 변동성이 높은 시장의 흐름에 근거하여 주택정책을 수립하여 주거복지에 대해 비일관적이었다. 주거복지정책의 확장은 2000년대 이후부터라고 할 수 있으며, 주거기본법(2015) 제정으로 주거복지정책의 선진화가 시작되었다고 볼 수 있다.

정부의 주택정책 및 주거복지정책을 통하여 주거복지의 흐름을 살펴보자.[1)]

(1) 6공화국 이전(1960~1987)

6공화국 이전에는 도시인구가 급격히 증가하면서 대도시에 주택공급 확충의 필요성이 높아지던 시기였다. 따라서 주거복지보다는 주택공급 확대가 주

1) 이명박 정부까지는 하성규 외(2012), 한국주거복지정책, pp.43~68까지를 참고로 하여 재정리하였음.

택정책의 근간이 되면서 공급물량 확충을 중심으로 각종 주택관련 제도와 체제를 수립하였다. 주택정책의 주요 대상이 중산층 또는 중산층화가 가능한 계층에 초점을 맞추었으며, 주거복지정책은 매우 부족하였다. 이 시기에는 대체로 민간기업을 중심으로 주택이 보급되었다.

1963년 〈공영주택법〉에 의한 저소득층을 위한 공영주택의 건설로 임대주택정책이 시작되었으며, 1972년 〈주택건설촉진법〉에 의해 주택건설 양산체제가 이루어졌다. 1979년 이전까지는 연간 4.8만 호 정도 임대주택을 공급하였다.

1981년에 주택시장의 안정을 위한 〈주택임대차시장보호법〉이 제정되었으며, 1984년에 무주택 서민의 주거생활 안정을 목표로 〈임대주택건설촉진법〉이 제정되어 5년 임대주택이 시작되었다.

이 시기에 도시지역의 주택부족으로 주택가격이 급격하게 상승하여 주택을 자력으로 구매할 수 없는 계층이 계속 증가하자 이들을 위한 장기임대주택제도를 정착시키고 건설을 촉진하기 위한 재정과 금융 등 투자재원의 확보와 택지 등 각종 지원제도를 마련하고, 임대주택을 효율적으로 관리하기 위한 임대주택이 시작되었다. 이때 주택건설종합계획 수립 시 임대주택건설을 포함하고, 국민주택기금을 임대주택건설자금으로 지원함으로써 저소득층을 위한 주거복지정책을 수립하였다.

(2) 6공화국(1988~1992)

6공화국 시기에는 인구증가와 핵가족화, 도시화의 진전에 따라 주택수요는 매년 큰 폭으로 증가하였으나, 주택공급은 이에 미치지 못하여 만성적인 수급불균형 상태가 지속되었고 주택 및 전월세가격의 상승으로 주거비부담은 더욱 가중되었다. 게다가 88올림픽 이후 부동산가격의 급등은 무주택자의 생활기반을 위협하여 사회불만이 증폭되는 등 사회경제적으로 심각한 문제를 일으켰다. 또한 노동운동 과정에서 주거안정이 요구되고, 철거민을 중심으로 한 도시

빈민층의 주택문제가 사회적 이슈로 대두되었다. 이에 정부는 주거관련 재정을 확충하고, 저소득층 대상의 주택공급계획을 수립하였다.

이 시기 주택정책의 목적은 여전히 주택부족을 해결하기 위한 주택의 양적 확대로서, 6공화국 5년간 총 2백만 호의 주택건설 계획이 수립되었다. 2백만 호는 당시 전체 주택수의 30%에 해당하는 획기적인 물량으로 달성 불가능한 계획이라는 회의적인 시각도 있었으나 1991년 말까지 2백14만 호를 건설하여 목표를 달성하였다.

1989년 수급자와 청약저축가입자 등을 대상으로 전용면적 26~40㎡, 50년 임대기간의 영구임대주택이 도입되었다. 최저소득계층인 영세민을 위하여 정부재정에서 건설비의 85%를 투입하여 영구임대주택 19만 호를 건설 공급하였다.

영구임대주택은 주거약자를 위한 대표적인 주택유형으로 이 시기에 저소득층을 위한 주거복지정책이 진일보했다고 볼 수 있다. 또한 무주택서민의 주택구매 능력 제고를 위한 국민주택기금의 융자도 종전보다 2배 이상 확대하여 소형일수록 지원액을 높이고 이율도 낮게 하는 등, 주거복지측면의 금융정책지원을 하였다.

이에 6공화국(1988~1992) 시기를 주거복지정책의 출발점이라고 볼 수 있다.

(3) 문민정부(1993~1997)

문민정부 시기에는 개방화, 자율화 기조의 신경제 5개년계획으로 규제가 완화되고 민간주도 주택건설이 주도를 이루었기 때문에 공공임대주택정책은 후퇴한 시기라고 볼 수 있다. 이 계획에서는 공공임대주택을 5만 호 건립계획을 수립하였으나 1994년 정부예산을 지원하지 않아 사실상 중앙정부 재정지원을 통한 공공임대주택정책은 중단되었다.

영구임대주택 대신 1993년 〈임대주택법〉의 제정으로 5년, 50년 임대주택이 새로이 공급되었다. 청약저축가입자, 철거민 등을 대상으로 하는 전용면적

35~49㎡의 50년장기임대주택을 새롭게 도입하여 시행하였으나, 영구임대주택과 비교해 국가재정의 지원이 축소되고 입주자의 부담이 증가하였다. 이 시기에는 주로 민간업체에 대한 국민주택기금 융자를 통해 분양전환되는 5년임대주택 공급이 주축을 이루었다. 이러한 경향은 외환위기 하에서 건설경기 활성화라는 정책기조와 연계되었기 때문에 주거복지정책은 한정적으로만 시행되었다.

그러나 영세민전세자금 융자제도와 주거환경개선사업 지구의 주택개량 보조제도를 통해 문민정부의 주거비 보조제도는 저소득가구의 주거빈곤 해소에 이바지하였다.

(4) 국민의정부(1998~2002)

국민의정부는 20만 호의 영구임대주택 공급을 공약으로 제시하였으며, 10만 호 공급을 국정과제로 설정하였다. 그러나 경제위기에 따른 상황변동으로 재정부담이 큰 영구임대주택은 공급하지 못하고 영구임대주택보다 재정부담이 적은 국민임대주택을 2003년까지 5만 호 건설하는 것으로 계획을 조정하였다.

이 시기에 본격적으로 공공임대주택, 소형분양주택, 주택구입 및 전세자금 지원, 주거급여제도, 주거환경개선제도 등의 정책은 주거복지 향상에 이바지하였다. 국민임대주택은 1998년부터 공급이 시작되었으며, 외환위기에서 벗어난 후에는 공공임대주택 공급이 다시 본격화되었다.

2002년에는 향후 10년간(2003~2012) 주택건설 및 서민주거안정 지원방향을 제시하는 주택종합계획을 수립하여, 국민임대주택 50만 호 등 총 100만 호의 장기임대주택을 건설하여 당시 전체주택 재고량의 2.3%에 불과하던 10년 이상 장기공공임대주택 비중을 2012년까지 10%로 상향 조정하는 계획안을 발표하면서 국민임대주택의 대량공급이 시작되었다.

이 시기에는 경기가 정체되면 경기부양을, 경기가 좋으면 부동산 투기억제를 반복하여 주택시장의 양극화를 심화시켰다는 비판을 받고 있다.

(5) 참여정부(2003~2007)

참여정부는 국정과제에서 주거안정대책으로 ① 수도권에 5년간 150만 호 주택을 건설, 보유세의 강화로 주택시장 불안요인 해소, ② 국민임대주택 50만 호 건설을 통한 저소득층의 주거안정도모, ③ 최저주거기준 미달가구에 대한 실태조사와 임대아파트 우선공급, ④ 주거환경정비사업을 통한 주거여건 개선 등을 발표하였다.

정권 출범 초기(2003)에 공공임대주택건설을 뒷받침하기 위해 〈국민임대주택건설 등에 관한 특별조치법〉을 제정하는 등 출범 초부터 서민주거안정을 위한 주거복지의 중요성을 강조하면서 주거정책의 목표를 주거복지와 주거생활의 질적 수준 향상을 통한 집 걱정 없는 사회구현으로 명시하고 주거복지 관련 정책을 지속하였다.

이 시기에는 다가구 매입임대사업, 기존주택 전세임대사업, 소년소녀가정임대(무이자 전세지원) 등 다양한 주거복지 정책을 추진하였다. 도심 내 사회취약계층에게 필요한 곳에 부담 가능한 가격으로 공급하는 수요자 위주의 맞춤형 주거복지사업으로 기존주택의 매입 또는 임차를 통한 임대주택 확보 등 임대주택 공급방식의 다변화를 실시하여 주거복지정책 발전의 기반을 마련하였다. 또한 2004년에는 기존의 5년 공공임대주택이 가진 한계를 보완하기 위해 임대기간이 늘어난 10년 공공임대주택을 도입하였다.

2007년에는 지자체 고유의 공공임대주택인 서울시의 장기전세주택이 도입되었다. 장기전세주택은 월세에서 벗어나 전세보증금 납부만으로 최장 20년 동안 거주할 수 있다.

한편, 2006년 기획예산처의 '공공부문에의 시장원리 확대 방안'으로 주택바우처 도입이 제안되면서 우리나라에서도 월임대료 보조제도 시행에 대한 논의가 본격화되었다. 그러나 여전히 물량 위주의 공급정책과 주거복지에 대한 개념이 정립되지 않은 채 시행되었다는 비판을 받고 있다.

(6) 이명박정부(2008~2012)

이명박정부의 복지예산은 역대 정부의 최고 수준이며, 연평균 8.2%로 계속 증가하였다. 이 시기의 복지정책은 도움이 필요한 계층이 스스로 먹고살 수 있게 한다는 것이 주된 목표이다. 이를 위해 미소금융과 햇살론으로 대표되는 서민금융지원, 무주택자에게 내 집 마련의 기회를 제공하는 보금자리 주택공급을 하였다.

2008년 공급 중단되었던 영구임대주택 공급을 재개하고, 서울시의 장기전세주택을 중앙정부 정책으로 수용하였다. 그리고 기존의 공공임대주택 유형을 유지하는 가운데, 이들 유형을 총괄하는 보금자리(임대)주택을 만들어 2009년부터 2011년까지 보금자리주택을 43.7만 호 공급하였다.

한편, 2006년부터 논의되었던 주택바우처에 대한 논의를 이어 2007년부터 3년간 주택바우처 제도 도입방안 연구가 시행되었고, 국토해양부에서 시범사업계획을 수립까지 하였으나 부처간 이견으로 인해 시행되지는 못하였다. 그러나 2012년 주택임차료 보조에 대한 조항(2013.1.27. 시행)이 주택법에 신설됨으로써, 월임대료 보조에 대한 법적 근거가 마련되었다.

그리고 〈임대주택법〉 개정(2008)을 통해 무주택 서민들의 주택구매 부담을 낮추고 자가보유 촉진을 위해 분납임대주택제도가 도입되어 공공건설임대주택 중 임대보증금 없이 임대개시 전이나 임대기간 중 분양전환금의 일부를 내는 새로운 임대주택제도를 실시하였고, 노인가구 내 가스와 화재 감지기 설치 등을 통해 독거노인이 응급상황에서도 신속하게 지원을 받을 수 있도록 하였다.

(7) 박근혜정부(2013~2017)[2)]

박근혜정부의 주거복지정책은 주택바우처 도입, 공공임대주택(행복주택) 확대, 대학생 전세임대 확대 등 보편적 주거복지 실현을 목표로 세웠다.

주택바우처제도는 공공임대주택의 건설 및 공급, 국민주택기금의 전세자금 융자, 최저생계비 이하 가구에 대한 주거급여 등 현행 주거지원수단의 사각지대에 놓여있는 저소득층 민간 전월세 임차가구의 높은 임차료 부담을 완화하기 위한 추가적인 지원수단이다.

행복주택은 도심 내의 국·공유지 등을 활용하여 시세보다 저렴한 주택을 공급함으로써 사회초년생·신혼부부·대학생·주거취약계층 등의 주거안정화를 도모하는 사업으로, 주거수요가 풍부한 수도권 도심에 철도용지나 유수지 등을 활용하여 2013년부터 5년간 총 20만 호를 공급하고자 하였다. 행복주택 이외에도 건설방식(7만 호)과 매입·전세방식(4만 호)을 통해 연 11만 호의 공공임대주택을 공급하고, 매입·전세임대주택 등 도심 내 물량을 최대한 확보한다는 계획을 하였다.

주택바우처, 행복주택 이외에도 민간임대부문에 대해 보조금을 지급하는 대신, 임대료 인상을 억제하거나 일정수준 이하로 임대료를 받도록 하는 준공공임대주택제도를 도입하였으며, 기존 분양주택건설에서만 적용되었던 토지임대부로 임대주택을 건설할 수 있도록 확대하였으며, 국가·지방자치단체·한국토지주택공사·지방공사 등이 전세계약의 방식으로 임차하여 공급하는 방식인 전세후 임대주택 제도를 실시하였다. 또한 생애 최초 주택구입자에게는 한시적으로 취득세와 양도세를 면제해주고, 자금도 더 많이 융자해 주는 금융정책도 시행하였다. 그러나 박근혜정부는 임기를 채우지 못하여 주거복지정책 또한 미완에 그쳤다.

---

2) 김수현(2013), 주거복지의 새로운 패러다임과 정책과제, 월간 복지동향(179), p.5.

(8) 문재인정부(2017~)[3]

문재인정부의 주거복지정책은 청년, 신혼부부, 사회취약계층에 대한 주거지원 확대, 그리고 임대주택의 충분한 확보를 위하여 주택시장을 시장에 맡기기보다는 정부가 적극적으로 개입하는 방향으로 수립되었다. 2018년 수정·발표된 제2차 장기 주거종합계획에서는 주거정책의 비전을 '국민 누구나 집 걱정 없는 더 나은 주거생활'을 내세웠으며, 이를 위한 목표를 세 가지로 정하였다. 첫째, 주거비부담 완화와 주거권 보장, 둘째, 실수요자 중심의 주택시장조성, 셋째, 안전하고 쾌적한 주거환경 구축이다. 이를 위한 정책방향은 수요자 맞춤형 지원으로 사회통합형 주거사다리 마련, 주거복지 접근성 강화와 사각지대 해소, 임대차 시장의 투명성·안정성 강화와 상생문화 구축, 실수요자 중심의 주택시장 관리 그리고 미래에 대비하는 주거환경 조성 및 주택관리로 정하고 있다.

주거복지정책은 공공임대주택 17만 호 공급과 도시재생뉴딜로 구분된다. 공공임대주택은 장기공공임대를 OECD 평균 9% 달성을 목표로 5년간 총 85만 호(매년 장기공공임대 13만 호, 공공지원민간임대 4만 호)를 목표로 하며, 도시재생뉴딜은 저층 노후주거지의 개량과 노후화된 기존주택을 정비하여 공공임대주택으로 활용하는 방안 등이다.

3) 서정렬 외 3인(2017), 문재인 정부의 주거 및 주택정책에 바란다, 도시정보(423), pp.4-6.

표 4-1 ▌ 문재인 정부의 주거 및 주택정책

구분	공약	세부내용	대상
주거복지 자원의 조성	공적 임대주택 17만 호 공급	• 5년간 총 85만 호 목표(장기공공임대는 OECD 평균 9% 달성목표)/장기공공임대 매년 13만 호/공공지원민간임대 매년 4만 호 • 10년임대 분양전환 방식개선	서민
	도시재생 뉴딜	• 공공기관주도하에 뉴타운, 재개발사업이 중단된 저층 노후주거지의 개량 • 어린이집, 마을주차장, 무인택배센터 • 노후화된 기존주택의 공동정비, 매입 혹은 장기임차수선 후 공공임대주택으로 활용 • 직주근접 서민주택 공급 • 기존거주자 공동체유지 및 원주민 재정착	원도심, 전통 산업집적지, 재래시장의 거주민과 부동산소유주
주거복지 자원의 배분	신혼부부 주거사다리	• 공공임대주택 30% 신혼부부 우선 공급 (매년 4만 호, 총 20만 호) • 생애최초주택 자금 우선 공급/생애 최초 전월세보증금 융자/생애최초 주택 구매대금 대출 확대 • 신혼부부주거정착지원금(월 10만 원 2년) • 다자녀 비례형 우선분양	신혼부부
	청년임대주택 30만 실 공급	• 청년임대주택 30만 실(30만 원 이하) • 대도시 및 역세권 입지 • 대학 인근 기숙사확대 • 소호형 주거클러스터시범건설	청년
	사회취약계층 주거복지	• 영구임대주택 및 매입임대주택 공급 • 주거급여 지속확대 및 금액 현실화 • 지역별 맞춤형 주거복지 프로그램 • 공공임대, 주거급여 외에 응급주거, 리모델링 지원 등 맞춤형 주거복지프로그램	저소득노인, 장애인가구 등 사회취약계층
임대 수요자와 공급자의 사회통합	사회통합형 주거정책	• 집주인의 자발적 임대주택 등록 촉진/일정수준 이하 소득 비과세 및 사회보험료 특례부과 • 임대등록 때 세제감면 및 리모델링비 지원 • 임대차계약청구권 및 임대료상한제 단계적 제도 • 임대료상한제, 계약갱신 청구권 제도화 • 임대차 분쟁조정위원회 내실화	임차인, 임대인
주거복지 재원조달	부동산세제	• 보유세인상(GDP 대비 0.79%에서 1%로 상향)	주택소유자
주택금융 시장 안정화	가계부채	• 가계부채 총량관리제 • 총체적 상환비율(DSR: Debt Service Ratio)도입	주택수요자

출처: 서정렬 외 3인(2017), 문재인 정부의 주거 및 주택정책에 바란다, 도시정보(423), p.5.

2) 주거복지 로드맵

로드맵(road map)이란 어떤 일을 추진하는 데 필요한 목표, 기준 등을 포함한 종합적인 계획을 의미하며, 청사진이라고도 한다. 주거복지 로드맵은 주거복지에 관한 종합적인 계획이다.

우리나라에서는 2003년에 처음으로 주거복지 로드맵을 확정하였다. 이는 집값 안정 기조를 유지하는 가운데 지원대상을 4개의 계층으로 나누고, 정부의 지원대상을 6분위까지로 한정하되, 공공임대주택의 입주대상은 자가 구매능력이 없는 4분위까지로 규정하는 등, 계층별 특징에 맞는 지원방안을 제시하고 있다. 이는 지금까지 주거복지정책의 기본적인 접근방식이다.

문재인정부에서도 출범과 동시에 주거복지 로드맵을 마련하였으며, 2020년에 인구구조를 반영하여 1인가구, 고령화 등을 중심으로 한 주거복지 로드맵 2.0을 발표하였다. 즉 2017년 11월 「사회통합형 주거사다리 구축을 위한 주거복지로드맵」을 발표하면서 과거 공급자 중심의 단편적, 획일적 지원에서 수요자 중심의 종합적인 지원과 사회통합형 주거정책으로 패러다임 전환하고자 하

표 4-2 ▌ 참여정부의 주거복지 로드맵

계층	특징	지원방향
소득 1분위 (최저소득층)	임대료 지불능력 취약계층	• 다가구주택 등 매입임대 • 소형 국민임대주택 공급 • 주거급여 단계적 지원 확대
소득 2~3분위 (저소득층)	자가주택 구입능력이 없는 계층	• 국민임대주택 집중 공급 • 불량주택 주거환경 정비 활성화 • 전월세자금 지원 확대
소득 5/6분위 (중산화 가능계층)	정부 지원시 주택구입 가능계층	• 중소형분양주택 저가 공급 • 주택구입자금 지원강화
소득 7분위 이상 (중산층 이상)	자기 능력으로 주택구입 가능계층	• 시장기능에 일임 • 모기지론 등 금융지원

출처: 건설교통부(2003) 주거복지 로드맵.

였다. 사각지대가 없는 주거안전망을 구축하기 위해 생애단계별, 소득수준별 맞춤형 지원, 무주택 서민을 위한 주택 공급 확대, 임대차시장 투명성, 안정성 강화의 3가지 주요 과제를 추진하였다.

그러나 전국의 무주택 임차가구 수('18년 기준 870만 가구) 및 OECD 선진국의 주거안전망 현황4) 등을 고려할 때 무주택 서민을 위한 더욱 촘촘한 주거지원이 필요한 상황이다. 이에 국토교통부는 기존의 주거복지로드맵을 보완·발전시킨 주거복지로드맵 2.0(2020.3.)을 통해 무주택 서민과 청년·신혼부부 등이 안심하고 저렴하게 거주할 수 있도록 장기공공임대주택의 재고율을 확대할 계획을 발표하였다. 즉 선진국 수준의 주거안전망 완성을 위해 공급계획 혁신, 인구 추세 대응 및 비주택거주 주거 취약계층의 주거상향, 지역사회 상생 등에

표 4-3 ▌ 생애단계별·소득수준별 맞춤형 주거지원

대상	지원내용
청년	• 셰어형·창업지원형 등 맞춤형 청년주택 30만 실 공급 • 청년 우대형 청약통장 신설(금리 최고 3.3%, 이자소득 500만 원까지 비과세) • 월세대출 한도 확대(30→40만 원) • 전세대출 1인가구 대출연령 제한완화(25→19세 이상), 분할상환 허용
신혼 부부	• 신혼특화형 공공임대 20만 호 공급 • 신혼희망타운(분양형) 7만 호 공급(수도권 4.7만) • 특별공급 2배 확대(공공 15→30%, 민영 10→20%) • 전용 구입·전세자금대출 도입(최저금리 구입 1.2%, 전세 1.7%)
고령 노인	• 무장애 설계 적용·복지서비스 연계 등 맞춤형 공공임대 5만 호 공급 • 연금형 매입임대(고령자주택 매입 후 리모델링하여 임대 공급, 대금은 연금식 지급) • 주택 개보수 지원을 위한 수선유지급여 지원 확대(+50만 원)
취약 계층	• 소득층을 위한 공적 임대주택 41만 호 공급 • 주거급여 지원대상 및 지원금액 확대 • 긴급지원주택 도입, 취약계층 주거지원사업 활성화 • 아동이 있는 빈곤가구 지원강화(전세임대 무상지원, 소액 주거비 대출) • 그룹홈 활성화 및 재난·재해 피해주민 지원 강화

출처: 국토교통부(2017) 주거복지 로드맵.

4) '18년 기준 공공임대주택 재고율이 네덜란드 37%, 오스트리아 20%, OECD 평균 8%인 반면 한국은 7.6%('17년 말 136.5만 호 수준)였다.

중점을 둔 계획을 마련하였다.

기존 주거복지 로드맵과의 가장 다른 점은 비주택거주자를 위한 주거상향과 지역상생이다. 비주택거주자의 주거권 보장을 위해서는 전수조사를 통한 수요자를 발굴하고 이사비·보증금을 지원하는 등 이주를 촉진하는 한편 자활·돌봄 등 주거향상 프로그램도 강화된다. 쪽방촌·노후고시원·숙박업소 등 도심 내 불량주거지와 낡고 슬럼화된 영구임대주택 단지의 재정비, 리모델링 방안도 추진 중이다. 그리고 지역상생을 위해 주민과 함께하는 주거복지 환경조성을 추진하여 단지 내 생활 SOC사업 등을 통해 창의적이고 혁신적인 공간 조성을 계획한다.

표 4-4 ▎ 선진국 수준의 주거안전망 완성

추진목표	추진방안	추진과제
공급혁신	• 신규부지 활용을 통해 지속 공급기반을 마련('25년까지 장기공공임대 240만 호, 재고율 10% 확보) – 공공임대주택은 하나로 통합하여 다양한 계층이 어울려 거주하도록 하고, 소득수준에 따라 적정 임대료를 부담토록 개선	• '25년까지 중장기 공급계획 마련 • 부지 등 공급기반 구축 • 공공임대 유형통합
생애주기별 주거지원 보완	• 1인가구 증가, 저출산·고령화 등 인구 추세에 대응하여 청년·신혼부부·고령자 등 맞춤지원 프로그램 보완	• 1인가구·고령화 대응강화 – 청년독신가구, 고령가구 등 • 저출산 대응강화 – 신혼부부, 다자녀가구
비주택거주 가구 등 주거권 보장	• 쪽방·노후고시원 거주자 등을 찾아가서 주거상향을 집중지원 하고, 기존 주거지는 양질의 주거지로 탈바꿈 – 노후 영구임대주택 단지의 재정비·리모델링 추진	• 주거상향: 지원 강화 • 낙후주거지 재창조 – 쪽방 재정비 – 역세권 불량주거지 리모델링 – 노후영구임대 재정비·리모델링
지역·주민과 함께하는 주거복지 환경조성	• 디자인 혁신, 생활 SOC 복합설치를 통해 공공임대주택 품질을 제고하고 주민과 함께하는 매력 있는 허브로 조성 – 지자체의 적극적 참여유도를 위해 재정 인센티브 강화 등 추진	• 공공임대주택 품질제고 • 생활SOC사업 연계 • 협력 지자체 인센티브 강화

출처: 국토교통부(2020) 주거복지 로드맵 2.0.

표 4-5 ▌ 주거복지 로드맵2.0의 특징

구분	기존 로드맵(2018~2022)	로드맵2.0(2018~2025)
공급 혁신	• 공공주택 105.2만 호 공급	• 공공주택 105.2만 호+63만 호 – 장기공공임대 240만 호 – OECD 평균 이상 재고율 10%'25년
	• 영구·국민·행복 등 복잡 • 소득 무관 임대료 • 일부단지 슬럼화(낙인효과)	• 통합 공공임대주택 공급 • 소득수준에 맞는 임대료 • 다양한 계층이 어울려 거주
생애주기주거 지원	• 청년주택 21만 호 – 일자리연계 3만 호 – 기숙사형 5천 호 – 고시원 리모델링 5천 호	• 청년주택 35만 호(2018~2025) – 일자리연계 6만 호 – 기숙사형 1만 호 – 고시원 리모델링 1만 호 • 민간 공유주택 활성화 • 청년 주거비 별도지원(주거급여)
	• 고령자 주택 5만 호 – 복지주택 4천, 리모델링 5천 호	• 고령자 주택 8만 호(2018~2025) – 복지주택 1만, 리모델링 1만 호
	• 신혼부부 주택 25만 호 • 신혼희망타운 15만 호 사업승인	• 신혼부부 주택 40만 호(2018~2025) – 지원확대(만 6세 이하 자녀가구) • 신혼희망타운 분양주택 10만 호 입주자 모집 완료(~2025) • 다자녀가구 3만 호(2020~2025)
주거 상향	• 공급자 중심 지원 • 낙후 주거지 정비 부진	• 주거상향 4만 호(2020~2025) • 찾아가는 수요발굴 체계구축 및 보증금·이사비·돌봄 등 종합지원 • 반지하 가구 주거지원 강화 • 쪽방·노후고시원·노후영구임대 등 낙후주거지 재창조 추진
지역 상생	• 낮은 주거품질 • 지역주민 반대 • 지자체 참여 부진	• 매력적 디자인 등 품질혁신 • 생활SOC 복합 지역허브로 진화 • 우수지자체 평가·인센티브

출처: 국토교통부(2020), 주거복지 로드맵 2.0.

2. 주거복지 관련 법

법(law)이란 국가권력에 의하여 강제되는 사회규범이며, 법률이란 국회에서 법률이라는 형식으로 제정한 규범이다. 헌법 아래 여러 법률이 있고, 하위체계로 명령(시행령), 시행규칙 등이 있다.

현행법령 중 법령명에 〈주거〉가 들어 있는 것은 5개이다. ① 농어촌마을 주거환경개선 및 리모델링 촉진을 위한 특별법(시행령, 시행규칙), ② 도시 및 주거환경정비법(시행령, 시행규칙, 등기규칙), ③ 장애인 · 고령자 등 주거약자 지원에 관한 법률(시행령, 시행규칙), ④ 주거급여법(시행령, 시행규칙), ⑤ 주거기본법(시행령, 시행규칙)이다. 이들은 모두 주거복지와 밀접한 관련이 있다.

그 외 〈주거복지〉와 관련이 많은 법은 ① 공공주택특별법(시행령, 시행규칙), ② 민간임대주택에 관한 특별법(시행령, 시행규칙), ③ 주택법(시행령, 시행규칙), ④ 주택임대차보호법(시행령), ⑤ 노숙인 등의 복지 및 자립 지원에 관한 법률(시행령, 시행규칙), ⑥ 노인복지법(시행령, 시행규칙), ⑦ 장기공공임대주택 입주자 삶의 질 향상 지원법(시행령, 시행규칙), ⑧ 장애인복지법(시행령, 시행규칙) 등을 들 수 있다.

이 중에 몇 가지 법령에 대하여 그 취지와 그 법에서 정의하고 있는 용어설명을 중심으로 간단히 언급하면 다음과 같다.

1) 주거기본법

기존의 주택정책의 기본법이라고 할 수 있는 〈주택법〉이 주거복지를 실현하기 위한 내용이 미흡하며, 〈임대주택법〉, 〈주거급여법〉 등 주택 관련 다른 법률과의 관계도 명확하게 규정하지 못하고 있으므로 주거정책 관련 법 체계의 최상위법 및 기본법적인 지위를 갖는 〈주거기본법〉(법률 제13378호, 2015. 6. 22.제정)을 새로이 제정하였다.

〈주거기본법〉의 제정으로 저출산 · 고령화, 1~2인 가구 증가 등 사회적 환경이 크게 변화하고 주택보급률이 100%를 초과함에 따라, 주택정책의 패러다임이 '주택공급'에서 '주거복지'로 빠르게 전환되고 있으므로 주택정책의 기본 방향이 물리적인 주택공급 확대로부터 주거복지 향상으로 전환되었음을 선언하는 의미가 있다.

이 법은 주거복지 등 주거정책의 수립·추진 등에 관한 사항을 정하고 주거권을 보장함으로써 국민의 주거안정과 주거수준의 향상에 이바지하는 것을 목적으로 한다(제1조). 국민은 물리적·사회적 위험으로부터 벗어나 쾌적하고 안정적인 주거환경에서 인간다운 주거생활을 할 권리를 가지며(제2조), 국가 및 지자체는 국민의 주거권을 보장하기 위하여 주거비를 부담 가능한 수준으로 경감하는 등의 기본원칙에 따라 주거정책을 수립·시행할 책임을 가진다(제3조).

주거종합계획에는 주거정책의 기본목표 및 기본방향, 공공주택의 공급, 공동주택의 관리, 임대주택 우선공급, 주거비 지원, 최저주거기준, 유도주거기준 등에 관한 사항 등을 포함하여야 한다(제5조 및 제6조). 그리고 저소득층 등 주거지원이 필요한 계층을 위한 공공임대주택을 공급하고, 민간임대주택 공급이 활성화될 수 있도록 지원하여야 하며(제11조), 저소득가구에 대하여 주거급여

표 4-6 ▌ 주거정책의 기본원칙

1. 소득수준·생애주기 등에 따른 주택공급 및 주거비 지원을 통하여 국민의 주거비가 부담 가능한 수준으로 유지되도록 할 것
2. 주거복지 수요에 따른 임대주택의 우선공급 및 주거비의 우선지원을 통하여 장애인·고령자·저소득층·신혼부부·청년층·지원대상아동(「아동복지법」 제3조 제5호에 따른 지원대상아동을 말한다) 등 주거지원이 필요한 계층(이하 "주거지원 필요계층"이라 한다)의 주거수준이 향상되도록 할 것
3. 양질의 주택건설을 촉진하고, 임대주택 공급을 확대할 것
4. 주택이 체계적이고 효율적으로 공급될 수 있도록 할 것
5. 주택이 쾌적하고 안전하게 관리될 수 있도록 할 것
6. 주거환경 정비, 노후주택 개량 등을 통하여 기존주택에 거주하는 주민의 주거수준이 향상될 수 있도록 할 것
7. 장애인·고령자 등 주거약자가 안전하고 편리한 주거생활을 영위할 수 있도록 지원할 것
8. 저출산·고령화, 생활양식 다양화 등 장기적인 사회적·경제적 변화에 선제적으로 대응할 것
9. 주택시장이 정상적으로 기능하고 관련 주택산업이 건전하게 발전할 수 있도록 유도할 것

출처: 주거기본법 제3조.

를 지급하고, 주거급여의 지급대상이 아닌 저소득가구에 대해서도 예산의 범위 내에서 주거비를 보조할 수 있다(제15조). 또한 국가 및 지자체는 모든 국민이 쉽게 이용할 수 있도록 지역적·기능적으로 균형이 있는 주거복지 전달체계를 구축하여야 하고, 주거복지센터 설치, 주거복지정보체계 구축·운영 및 주거복지 전문인력 양성을 할 수 있다(제21조부터 제24조까지).

2) 주거급여법

〈주거급여법〉(법률 제12333호, 2014. 1. 24. 제정)은 〈국민기초생활 보장법〉에 따른 기초생활보장제도가 맞춤형 급여체계로 개편됨에 따라 주거급여 수급권자의 범위, 임차료 및 수선유지비의 지급 기준 등 주거급여의 실시를 위하여 필요한 사항을 규정하기 위하여 제정하였다.

국가와 지자체는 주거급여에 관한 정책을 수립·시행할 때는 수급자가 쾌적하고 안전한 주거생활을 할 수 있도록 하고, 주거급여에 필요한 재원을 조성하기 위하여 노력하여야 하며(제3조), 주거급여에 관하여 이 법에서 정하지 아니한 사항에 대하여는 〈국민기초생활 보장법〉을 따르도록 한다(제4조).

주거급여의 수급권자는 부양의무자가 없거나, 부양의무자가 있어도 부양능력이 없거나 부양을 받을 수 없는 사람으로서 소득인정액이 국토교통부장관이 정하는 기준 이하인 사람으로 한다(제5조). 임차료는 타인의 주택 등에 거주하는 사람에게 지급하고, 그 지급기준은 가구규모, 소득인정액, 거주형태, 임차료 부담수준 및 지역별 기준임대료 등을 고려하여 정하도록 하며, 수급자 명의의 지정된 계좌로 지급하는 것을 원칙으로 하며(제7조), 수선유지비는 주택 등을 소유하고 그 주택 등에 거주하는 사람에게 지급하고, 그 지급기준은 가구규모, 소득인정액, 수선유지비 소요액, 주택의 노후도 등을 고려하여 정하도록 한다(제8조).

표 4-7 ▌ 주거급여 관련 용어정의

① 주거급여: 「국민기초생활 보장법」 제7조 제1항 제2호의 주거급여로서 주거안정에 필요한 임차료, 수선유지비, 그 밖의 수급품을 지급하는 것을 말한다.
국민기초생활보장법 제7조의 급여는 1. 생계급여, 2. 주거급여, 3. 의료급여, 4. 교육급여, 5. 해산(解産)급여, 6. 장제(葬祭)급여이다.
② 수급권자: 주거급여를 받을 수 있는 자격을 가진 사람을 말한다.
③ 수급자: 주거급여를 받는 사람을 말한다.
④ 수급품: 이 법에 따라 수급자에게 지급하거나 대여하는 금전 또는 물품을 말한다.
⑤ 보장기관: 주거급여를 실시하는 국가 또는 지방자치단체를 말한다.
⑥ 소득인정액: 「국민기초생활 보장법」 제2조 제9호의 소득인정액을 말한다.
소득인정액이란 보장기관이 급여의 결정 및 실시 등에 사용하기 위하여 산출한 개별가구의 소득평가액과 재산의 소득환산액을 합산한 금액을 말한다.
⑦ 주택등: 「주택법」 제2조 제1호의 주택 및 「주택법」 제2조 제4호의 준주택을 포함하여 거주를 목적으로 하는 시설을 말하며, 그 범위와 종류는 국토교통부장관이 정한다.
주거급여 실시에 관한 고시 제2조(주택등의 범위와 종류)는 다음 각호의 어느 하나에 해당하는 시설을 말한다. 1. 「주택법」 제2조 제1호의 주택 2. 「주택법」 제2조 제1호의2의 준주택 3. 「국민기초생활 보장법」 제32조에 따른 보장시설 4. 「청소년복지 지원법」 등 다른 법령에 따라 제공된 거주시설 5. 국가·지방자치단체, 공공기관 등이 제공하는 공동생활가정 등 거주시설 6. 제3호에 해당하지 않는 시설로서「사회복지사업법」 제2조 제4호에 따른 사회복지시설(미신고시설을 포함한다) 7. 그 밖에 소매점, 미용원 등 거주를 목적으로 하며, 수급권자가 거주하는 것으로 특별자치시장·특별자치도지사·시장·군수·구청장(이하 "시장·군수·구청장"이라 한다)이 인정하는 시설
⑧ 수급권자의 범위: 수급권자는 소득인정액이 「국민기초생활 보장법」 제20조 제2항에 따른 중앙생활보장위원회의 심의·의결을 거쳐 결정하는 금액(주거급여 선정기준) 이하인 사람으로 한다. 이 경우 주거급여 선정기준은 기준 중위소득의 100분의 43 이상으로 한다.

출처: 주거급여법 및 시행령.

3) 장애인 · 고령자 등 주거약자 지원에 관한 법률

〈장애인·고령자 등 주거약자 지원에 관한 법률〉(약칭: 주거약자법, 법률 제11370호, 2012. 2. 22. 제정)은 장애인·고령자 등 주거약자의 안전하고 편리한 주거생활을 지원하는 데 필요한 사항을 정함으로써 주거약자의 주거안정과 주거수준 향상에 이바지함을 목적으로 한다.

국가 및 지자체는 주거약자의 주거안정과 주거수준 향상을 위하여 다음 각 호의 사항을 위하여 노력하여야 한다(제3조).

① 주거약자의 주거생활이 쾌적하고 안전하게 이루어지도록 할 것
② 주거약자용 주택이 원활하게 공급되고 효율적으로 관리될 수 있도록 할 것
③ 주거약자의 쾌적하고 안전한 주거생활에 필요한 정보가 원활하게 제공되고, 제9조의 편의시설이 주거약자용 주택에 적정하게 설치될 수 있도록 할 것

표 4-8 ▌ 주거약자법 관련 용어정의

① 주거약자란 다음 각 목의 어느 하나에 해당하는 사람을 말한다. 가. 65세 이상인 사람 나. 「장애인복지법」 제2조 제2항에 해당하는 장애인 다. 그 밖에 대통령령으로 정하는 사람
"장애인"이란 장애인 중 다음 각호의 어느 하나에 해당하는 장애가 있는 자로서 대통령령으로 정하는 장애의 종류 및 기준에 해당하는 자를 말한다. 1. "신체적 장애"란 주요 외부 신체 기능의 장애, 내부기관의 장애 등을 말한다. 2. "정신적 장애"란 발달장애 또는 정신 질환으로 발생하는 장애를 말한다.
"대통령령으로 정하는 사람"이란 다음 각호의 사람을 말한다. 1. 「국가유공자 등 예우 및 지원에 관한 법률」에 따른 국가유공자로서 상이등급 1급부터 7급까지의 판정을 받은 사람 2. 「보훈보상대상자 지원에 관한 법률」에 따른 보훈보상대상자로서 상이등급 1급부터 7급까지의 판정을 받은 사람 3. 「5·18민주유공자 예우에 관한 법률」에 따라 등록된 5·18민주화운동 부상자로서 신체장해등급 1급부터 14급까지의 판정을 받은 사람 4. 「고엽제후유의증 등 환자지원 및 단체설립에 관한 법률」에 따른 고엽제후유의증 환자로서 경도(輕度) 장애 이상 장애등급의 판정을 받은 사람

② 주거약자용 주택이란 다음 각 목의 어느 하나에 해당하는 주택을 말한다. 가. 주거약자에게 임대할 목적으로 건설하는 「민간임대주택에 관한 특별법」 제2조 제2호의 민간건설임대주택 나. 주거약자에게 임대할 목적으로 개조한 「민간임대주택에 관한 특별법」 제2조 제2호의 민간건설임대주택 또는 같은 조 제3호의 민간매입임대주택 다. 「공공주택 특별법」 제2조 제1호 가목의 공공임대주택으로서 가목과 나목에 준하는 주택 라. 주거약자가 거주하는 주택으로서 제15조의 주택 개조 비용을 지원받아 개조한 주택
"민간건설임대주택"이란 다음 각 목의 어느 하나에 해당하는 민간임대주택을 말한다. 가. 임대사업자가 임대를 목적으로 건설하여 임대하는 주택 나. 「주택법」 제4조에 따라 등록한 주택건설사업자가 같은 법 제15조에 따라 사업계획승인을 받아 건설한 주택 중 사용검사 때까지 분양되지 아니하여 임대하는 주택
"민간매입임대주택"이란 임대사업자가 매매 등으로 소유권을 취득하여 임대하는 민간임대주택을 말한다.
"공공주택"이란 제4조 제1항 각호에 규정된 자 또는 제4조 제2항에 따른 공공주택사업자가 국가 또는 지방자치단체의 재정이나 「주택도시기금법」에 따른 주택도시기금(이하 "주택도시기금"이라 한다)을 지원받아 이 법 또는 다른 법률에 따라 건설, 매입 또는 임차하여 공급하는 다음 각 목의 어느 하나에 해당하는 주택을 말한다. 가. 임대 또는 임대한 후 분양전환을 할 목적으로 공급하는 「주택법」 제2조 제1호에 따른 주택으로서 대통령령으로 정하는 주택(이하 "공공임대주택"이라 한다) 나. 분양을 목적으로 공급하는 주택으로서 「주택법」 제2조 제5호에 따른 국민주택규모 이하의 주택(이하 "공공분양주택"이라 한다)
③ 주택개조비용 지원: 국가 및 지방자치단체는 다음 각호의 어느 하나에 해당하는 자가 주거약자의 활동능력에 적합하도록 주택(임대용 주택을 포함한다)을 개조하는 데 필요한 비용의 지원을 신청할 때는 개조비용을 지원할 수 있다. 1. 주거약자 2. 주거약자가 세대원으로 있는 세대주 3. 제1호 또는 제2호의 사람에게 임대할 목적으로 주택을 개조하고자 하는 임대인
④ 주택개조비용 지원대상자 자격: 법 제15조 제1항 제1호 및 제2호의 어느 하나에 해당하는 사람이 주거약자의 활동능력에 적합하도록 주택(임대용 주택을 포함한다)을 개조하는 데 필요한 비용(이하 "주택개조비용"이라 한다)의 지원을 신청하려면 다음 각호의 요건을 모두 갖춰야 한다. 1. 주거약자가 속한 해당 가구의 월평균 소득이 「통계법 시행령」 제22조에 따라 통계청장이 고시하는 지정통계에 따른 전년도 도시근로자 가구당 월평균 소득액 이하일 것 2. 임대용 주택에 거주하는 주거약자 또는 임대용 주택에 거주하는 세대주로서 주거약자가 세대원으로 있는 사람이 지원을 신청할 때는 미리 해당 임대인의 동의를 받을 것 3. 법 제9조에 따른 주거약자용 주택의 안전기준 또는 편의시설 설치기준을 충족하는 시설을 설치하기 위해 주택(임대용 주택을 포함한다)을 개조할 것

출처: 장애인 · 고령자 등 주거약자 지원에 관한 법률 및 시행령.

4) 도시 및 주거환경정비법

〈도시 및 주거환경정비법〉(법률 제6852호, 2002. 12. 30. 제정)은 1970년대 이후 산업화·도시화 과정에서 대량 공급된 주택들이 노후화됨에 따라 이들을 체계적이고 효율적으로 정비할 필요성이 커지고 있으나, 현행 재개발사업·재건축사업 및 주거환경개선사업이 각각 개별법으로 규정되어 이에 관한 제도적 뒷받침이 미흡하므로, 이를 보완하여 일관성 있고 체계적인 단일·통합을 위해 제정되었다.

표 4-9 ▌ 도시·주거환경정비 기본방침과 기본계획 내용

국토교통부장관은 도시 및 주거환경을 개선하기 위하여 10년마다 다음 각호의 사항을 포함한 기본방침을 정하고, 5년마다 타당성을 검토하여 그 결과를 기본방침에 반영하여야 한다. 1. 도시 및 주거환경 정비를 위한 국가 정책 방향 2. 제4조 제1항에 따른 도시·주거환경정비기본계획의 수립 방향 3. 노후·불량 주거지 조사 및 개선계획의 수립 4. 도시 및 주거환경 개선에 필요한 재정지원계획 5. 그 밖에 도시 및 주거환경 개선을 위하여 필요한 사항으로서 대통령령으로 정하는 사항
① 기본계획에는 다음 각호의 사항이 포함되어야 한다. 1. 정비사업의 기본방향 2. 정비사업의 계획기간 3. 인구·건축물·토지이용·정비기반시설·지형 및 환경 등의 현황 4. 주거지 관리계획 5. 토지이용계획·정비기반시설계획·공동이용시설설치계획 및 교통계획 6. 녹지·조경·에너지공급·폐기물처리 등에 관한 환경계획 7. 사회복지시설 및 주민문화시설 등의 설치계획 8. 도시의 광역적 재정비를 위한 기본방향 9. 제16조에 따라 정비구역으로 지정할 예정인 구역(이하 "정비예정구역"이라 한다)의 개략적 범위 10. 단계별 정비사업 추진계획(정비예정구역별 정비계획의 수립시기가 포함되어야 한다) 11. 건폐율·용적률 등에 관한 건축물의 밀도계획 12. 세입자에 대한 주거안정대책 13. 그 밖에 주거환경 등을 개선하는 데 필요한 사항으로서 대통령령으로 정하는 사항 ② 기본계획의 수립권자는 기본계획에 다음 각호의 사항을 포함할 때는 제1항 제9호 및 제10호의 사항을 생략할 수 있다. 1. 생활권의 설정, 생활권별 기반시설 설치계획 및 주택수급계획 2. 생활권별 주거지의 정비·보전·관리의 방향 ③ 기본계획의 작성기준 및 작성방법은 국토교통부장관이 정하여 고시한다.

출처: 도시 및 주거환경정비법 제3조, 제5조.

표 4-10 ▌ 도시 및 주거환경정비법 관련 용어정의

① 정비구역: 정비사업을 계획적으로 시행하기 위하여 제16조에 따라 지정·고시된 구역을 말한다.
② 정비사업: 이 법에서 정한 절차에 따라 도시기능을 회복하기 위하여 정비구역에서 정비기반시설을 정비하거나 주택 등 건축물을 개량 또는 건설하는 다음 각목의 사업을 말한다. 가. 주거환경개선사업: 도시저소득 주민이 집단거주하는 지역으로서 정비기반시설이 극히 열악하고 노후·불량건축물이 과도하게 밀집한 지역의 주거환경을 개선하거나 단독주택 및 다세대주택이 밀집한 지역에서 정비기반시설과 공동이용시설 확충을 통하여 주거환경을 보전·정비·개량하기 위한 사업 나. 재개발사업: 정비기반시설이 열악하고 노후·불량건축물이 밀집한 지역에서 주거환경을 개선하거나 상업지역·공업지역 등에서 도시기능의 회복 및 상권활성화 등을 위하여 도시환경을 개선하기 위한 사업 다. 재건축사업: 정비기반시설은 양호하나 노후·불량건축물에 해당하는 공동주택이 밀집한 지역에서 주거환경을 개선하기 위한 사업
③ 노후·불량건축물: 다음 각 목의 어느 하나에 해당하는 건축물을 말한다. 가. 건축물이 훼손되거나 일부가 멸실되어 붕괴, 그 밖의 안전사고의 우려가 있는 건축물 나. 내진성능이 확보되지 아니한 건축물 중 중대한 기능적 결함 또는 부실 설계·시공으로 구조적 결함 등이 있는 건축물로서 대통령령으로 정하는 건축물 다. 다음의 요건을 모두 충족하는 건축물로서 대통령령으로 정하는 바에 따라 특별시·광역시·특별자치시·도·특별자치도 또는 「지방자치법」 제175조에 따른 서울특별시·광역시 및 특별자치시를 제외한 인구 50만 이상 대도시의 조례로 정하는 건축물 1) 주변 토지의 이용 상황 등에 비추어 주거환경이 불량한 곳에 위치할 것 2) 건축물을 철거하고 새로운 건축물을 건설하는 경우 건설에 드는 비용과 비교하여 효용의 현저한 증가가 예상될 것 라. 도시미관을 저해하거나 노후화된 건축물로서 대통령령으로 정하는 바에 따라 시·도조례로 정하는 건축물
① 「도시 및 주거환경정비법」(이하 "법"이라 한다) 제2조 제3호 나목에서 "대통령령으로 정하는 건축물"이란 건축물을 건축하거나 대수선할 당시 건축법령에 따른 지진에 대한 안전 여부 확인 대상이 아닌 건축물로서 다음 각호의 어느 하나에 해당하는 건축물을 말한다. 1. 급수·배수·오수 설비 등의 설비 또는 지붕·외벽 등 마감의 노후화나 손상으로 그 기능을 유지하기 곤란할 것으로 우려되는 건축물 2. 법 제12조 제4항에 따른 안전진단기관이 실시한 안전진단 결과 건축물의 내구성·내하력(耐荷力) 등이 같은 조 제5항에 따라 국토교통부장관이 정하여 고시하는 기준에 미치지 못할 것으로 예상되어 구조 안전의 확보가 곤란할 것으로 우려되는 건축물 ② 법 제2조 제3호 다목에 따라 특별시·광역시·특별자치시·도·특별자치도 또는 「지방자치법」 제175조에 따른 서울특별시·광역시 및 특별자치시를 제외한 인구 50만 이상 대도시의 조례(이하 "시·도조례"라 한다)로 정할 수 있는 건축물은 다음 각호의 어느 하나에 해당하는 건축물을 말한다. 1. 「건축법」 제57조 제1항에 따라 해당 지방자치단체의 조례로 정하는 면적에 미치지 못하거나 「국토의 계획 및 이용에 관한 법률」 제2조 제7호에 따른 도시·군계획시설 등의 설치로 인하여 효용을 다할 수 없게 된 대지에 있는 건축물 2. 공장의 매연·소음 등으로 인하여 위해를 초래할 우려가 있는 지역에 있는 건축물 3. 해당 건축물을 준공일 기준으로 40년까지 사용하기 위하여 보수·보강하는 데 드는 비용이 철거

후 새로운 건축물을 건설하는 데 드는 비용보다 클 것으로 예상되는 건축물

③ 법 제2조 제3호 라목에 따라 시·도조례로 정할 수 있는 건축물은 다음 각호의 어느 하나에 해당하는 건축물을 말한다.

1. 준공된 후 20년 이상 30년 이하의 범위에서 시·도조례로 정하는 기간이 지난 건축물
2. 「국토의 계획 및 이용에 관한 법률」 제19조 제1항 제8호에 따른 도시·군기본계획의 경관에 관한 사항에 어긋나는 건축물

---

④ 정비기반시설: 도로·상하수도·공원·공용주차장·공동구(「국토의 계획 및 이용에 관한 법률」 제2조 제9호에 따른 공동구를 말한다. 이하 같다), 그 밖에 주민의 생활에 필요한 열·가스 등의 공급시설로서 대통령령으로 정하는 시설을 말한다.

"대통령령으로 정하는 시설"이란 다음 각호의 시설을 말한다.

1. 녹지
2. 하천
3. 공공공지
4. 광장
5. 소방용수시설
6. 비상대피시설
7. 가스공급시설
8. 지역난방시설
9. 주거환경개선사업을 위하여 지정·고시된 정비구역에 설치하는 공동이용시설로서 법 제52조에 따른 사업시행계획서에 해당 특별자치시장·특별자치도지사·시장·군수 또는 자치구의 구청장이 관리하는 것으로 포함된 시설

---

⑤ 공동이용시설: 주민이 공동으로 사용하는 놀이터·마을회관·공동작업장, 그 밖에 대통령령으로 정하는 시설을 말한다.

"대통령령으로 정하는 시설"이란 다음 각호의 시설을 말한다.

1. 공동으로 사용하는 구판장·세탁장·화장실 및 수도
2. 탁아소·어린이집·경로당 등 노유자시설
3. 그 밖에 제1호 및 제2호의 시설과 유사한 용도의 시설로서 시·도조례로 정하는 시설

---

⑥ 대지: 정비사업으로 조성된 토지를 말한다.

---

⑦ 주택단지: 주택 및 부대시설·복리시설을 건설하거나 대지로 조성되는 일단의 토지로서 다음 각 목의 어느 하나에 해당하는 일단의 토지를 말한다.

가. 「주택법」 제15조에 따른 사업계획승인을 받아 주택 및 부대시설·복리시설을 건설한 일단의 토지
나. 가목에 따른 일단의 토지 중 「국토의 계획 및 이용에 관한 법률」 제2조 제7호에 따른 도시·군계획시설인 도로나 그 밖에 이와 유사한 시설로 분리되어 따로 관리되고 있는 각각의 토지
다. 가목에 따른 일단의 토지 둘 이상이 공동으로 관리되고 있는 경우 그 전체 토지
라. 제67조에 따라 분할된 토지 또는 분할되어 나가는 토지
마. 「건축법」 제11조에 따라 건축허가를 받아 아파트 또는 연립주택을 건설한 일단의 토지

---

⑧ 사업시행자: 정비사업을 시행하는 자를 말한다.

---

⑨ 토지등소유자: 다음 각 목의 어느 하나에 해당하는 자를 말한다. 다만, 제27조 제1항에 따라 「자본시장과 금융투자업에 관한 법률」 제8조 제7항에 따른 신탁업자가 사업시행자로 지정되면 토지등 소유자가 정비사업을 목적으로 신탁업자에게 신탁한 토지 또는 건축물에 대하여는 위탁자를

토지 등 소유자로 본다. 가. 주거환경개선사업 및 재개발사업의 경우에는 정비구역에 있는 토지 또는 건축물의 소유자 또는 그 지상권자 나. 재건축사업의 경우에는 정비구역에 있는 건축물 및 그 부속토지의 소유자
⑩ 토지주택공사등: 「한국토지주택공사법」에 따라 설립된 한국토지주택공사 또는 「지방공기업법」에 따라 주택사업을 수행하기 위하여 설립된 지방공사를 말한다.
⑪ "정관등"이란 다음 각 목의 것을 말한다. 가. 제40조에 따른 조합의 정관 나. 사업시행자인 토지등 소유자가 자치적으로 정한 규약 다. 특별자치시장, 특별자치도지사, 시장, 군수, 자치구의 구청장(이하 "시장·군수등"이라 한다), 토지주택공사등 또는 신탁업자가 제53조에 따라 작성한 시행규정

출처: 도시 및 주거환경정비법 및 시행령.

5) 농어촌마을 주거환경개선 및 리모델링 촉진을 위한 특별법

〈농어촌마을 주거환경 개선 및 리모델링 촉진을 위한 특별법〉(법률 제11853호, 2013. 6. 4., 제정, 약칭 농어촌리모델링법)은 도시민의 농어촌으로의 귀농·귀촌 추세로 인하여 농어촌의 공간구조 재편의 필요성이 제기되고 있으며, 농어촌마을의 노후 불량주택의 개수·보수, 전기·통신·가스 등 간선시설의 설치 등 다양한 지원 대책의 마련이 절실히 필요한 실정이다. 이에 기존 농어촌마을의 주거 인프라를 정비하고, 마을 내 가용토지를 효율적으로 활용할 수 있도록 재배치하는 등 지속 가능한 농어촌마을의 주거환경을 구축함으로써 농어촌마을의 정주여건을 개선하기 위하여 제정하였다.

이 법은 농어촌의 주거환경 및 노후·불량주택을 계획적·효율적으로 개선하는 데 필요한 사항을 규정함으로써 친환경적이며 지속 가능한 살기 좋은 농어촌마을을 만드는 데 이바지함을 목적으로 한다(제1조).

표 4-11 ▌ 농어촌리모델링법 관련 용어정의

① 농어촌: 「농업·농촌 및 식품산업 기본법」 제3조 제5호에 따른 농촌과 「수산업·어촌 발전 기본법」 제3조 제6호에 따른 어촌을 말한다.
"농촌"이란 다음 각 목의 어느 하나에 해당하는 지역을 말한다. 가. 읍·면의 지역 나. 가목 외의 지역 중 그 지역의 농업, 농업 관련 산업, 농업인구 및 생활여건 등을 고려하여 농림축산식품부장관이 고시하는 지역
"어촌"이란 하천·호수 또는 바다에 인접하여 있거나 어항의 배후에 있는 지역 중 주로 수산업으로 생활하는 다음 각 목의 어느 하나에 해당하는 지역을 말한다. 가. 읍·면의 전 지역 나. 동의 지역 중 「국토의 계획 및 이용에 관한 법률」 제36조 제1항 제1호에 따라 지정된 상업지역 및 공업지역을 제외한 지역
② 리모델링: 건축물의 노후화 억제 또는 기능향상 등을 위하여 증축·개축 또는 대수선을 하는 행위를 말한다.
③ 정비구역: 농어촌마을을 정비하기 위하여 제6조에 따라 지정·고시된 구역을 말한다.
시장·군수·구청장은 종합계획을 고려하여 정비계획을 수립하고 이를 주민에게 서면으로 통보한 후 주민설명회를 하고 30일 이상 주민에게 공람하며 주민의 의견을 들은 후 이를 첨부하여 광역시장, 특별자치시장, 도지사 또는 특별자치도지사에게 정비구역 지정을 신청하여야 한다.
④ 정비사업: 이 법에서 정한 절차에 따라 정비구역에서 정비기반시설을 정비하고 농어촌주택(이에 부속되는 건축물 및 토지를 포함한다. 이하 같다), 주거환경 및 농어촌경관 등을 개량하거나 건설하는 다음 각 목의 사업을 말한다. 가. 전면 재정비사업: 정비기반시설과 노후·불량 농어촌주택이 극히 열악한 기존 마을과 연접한 지역을 정비구역으로 지정하여 새롭게 마을을 전면 정비하는 사업 나. 연계형 개발사업: 정비기반시설이 열악한 기존 마을과 연접한 지역을 정비구역으로 지정하여 기존 마을의 정비기반시설을 확충·재정비하고, 노후·불량 농어촌주택을 정비하여 연접한 지역을 새로운 마을로 개발하는 사업 다. 유지보전형 개발사업: 「국토의 계획 및 이용에 관한 법률」 제2조 제4호에 따른 도시·군관리계획을 변경하지 아니하고 기존 마을을 보전하면서 노후·불량 농어촌주택의 리모델링, 정비기반시설의 확충·재정비를 통하여 주거환경을 개선하는 사업
"도시·군관리계획"이란 특별시·광역시·특별자치시·특별자치도·시 또는 군의 개발·정비 및 보전을 위하여 수립하는 토지 이용, 교통, 환경, 경관, 안전, 산업, 정보통신, 보건, 복지, 안보, 문화 등에 관한 다음 각 목의 계획을 말한다. 가. 용도지역·용도지구의 지정 또는 변경에 관한 계획 나. 개발제한구역, 도시자연공원구역, 시가화조정구역(市街化調整區域), 수산자원보호구역의 지정 또는 변경에 관한 계획 다. 기반시설의 설치·정비 또는 개량에 관한 계획 라. 도시개발사업이나 정비사업에 관한 계획 마. 지구단위계획구역의 지정 또는 변경에 관한 계획과 지구단위계획 바. 입지규제 취소구역의 지정 또는 변경에 관한 계획과 입지규제 최소구역계획
⑤ 사업시행자: 정비사업을 시행하는 자를 말한다.

⑥ 노후·불량 농어촌주택: 장기간 독립된 주거생활을 할 수 있는 구조로 된 농어촌주택으로서 다음 각 목의 주택을 말한다.

가. 슬레이트가 사용된 농어촌주택

나. 건축물이 훼손되거나 일부가 멸실되어 붕괴 및 그 밖의 안전사고의 우려가 있는 농어촌주택

다. 건축물의 기능적 결함, 부실시공 또는 노후화로 인한 구조적 결함 등으로 철거가 불가피한 농어촌주택

라. 시장, 군수, 광역시의 자치구 구청장(이하 "시장·군수·구청장"이라 한다)이 거주 또는 사용 여부를 확인한 날부터 1년 이상 아무도 거주하지 아니하거나 사용하지 아니하는 농어촌주택

⑦ 정비기반시설: 도로, 상수도·하수도 및 오수·폐수 정화시설을 말한다.

⑧ 공동이용시설: 주민이 공동으로 사용하는 마을회관·공동작업장 및 그 밖에 대통령령으로 정하는 시설을 말한다.

"대통령령으로 정하는 시설"이란 정비구역 주민이 공동으로 사용하는 마을공동판매장, 농기계보관시설, 경로당, 어린이집, 어린이 놀이터, 주민운동시설 및 그 밖에 이와 유사한 용도의 시설로서 시, 군, 광역시의 자치구(이하 "시·군·구"라 한다)의 조례로 정하는 시설을 말한다.

⑨ 공동형 농어촌주택: 독거노인, 소년·소녀가장 등 농어촌 취약계층의 복지증진을 위하여 기존의 경로당, 폐교, 제6호 라목의 주택 등을 활용한 공동생활형 주택을 말한다.

시장, 군수, 광역시의 자치구 구청장이 거주 또는 사용 여부를 확인한 날부터 1년 이상 아무도 거주하지 아니하거나 사용하지 아니하는 농어촌주택

⑩ 대지: 정비사업에 의하여 조성된 토지를 말한다.

⑪ 토지등소유자: 정비구역에 소재한 토지 또는 건축물의 소유자 또는 그 지상권자를 말한다.

출처: 농어촌리모델링법 및 시행령.

6) 장기공공임대주택 입주자 삶의 질 향상 지원법

〈장기공공임대주택 입주자 삶의 질 향상 지원법〉(법률 제9542호, 2009. 3. 25. 제정)은 저소득층 서민이 거주하는 장기공공임대주택을 공공재의 개념으로 인식을 전환하여 건설뿐만 아니라 입주자 삶의 질 향상에 드는 비용도 국가 또는 사회적인 차원에서 체계적으로 지원할 수 있는 근거를 마련하기 위하여 제정하였다.

이 법의 복지서비스시설은 〈주택법〉 제2조에 따른 부대시설과 복리시설 이외에 장기공공임대주택 입주자의 사회경제적 여건을 개선하는 데 필요한 생산활동시설 등을 포함하며, 그 종류와 규모, 설치 등에 필요한 사항은 대통령령

으로 정하도록 한다(제2조, 제4호). 국가 및 지자체는 장기공공임대주택에 거주하는 입주자의 삶의 질을 향상하기 위하여 커뮤니티 활성화 프로그램 및 비용 지원 등을 하여야 하며(제3조), 사업주체는 커뮤니티 활성화를 위한 계획을 수립하여 입주자의 참여를 촉진하고 입주자와 협력하여야 한다(제4조). 국가는

표 4-12 ▌ 삶의 질 향상을 위한 기본계획

① 국토교통부장관은 입주자 삶의 질 향상을 위하여 관계 중앙행정기관의 장과 협의하여 5년마다 입주자 삶의 질 향상 기본계획을 수립·시행하여야 한다. ② 기본계획에는 다음 각호의 사항이 포함되어야 한다. 1. 입주자 삶의 질 향상의 기본방향 및 목표 2. 입주자 공동체 활성화를 위한 프로그램 개발 및 재정지원에 관한 사항 3. 노약자·장애인을 위한 승강기 등 편의시설 설치 및 보수비용 지원에 관한 사항 4. 시설물 노후화 등으로 인한 유지보수 및 기능향상에 필요한 비용지원에 관한 사항 5. 복지서비스시설 내 장비 설치와 시설 운영에 필요한 비용지원에 관한 사항 6. 그 밖에 입주자의 주거복지증진을 위하여 필요한 사항으로서 대통령령으로 정하는 사항

출처: 장기공공임대주택 입주자 삶의 질 향상 지원법 제3조.

표 4-13 ▌ 장기공공임대주택 입주자 삶의 질 향상 관련 용어정의

① 장기공공임대주택: 다음 각 목의 어느 하나에 해당하는 주택을 말한다. 가. 30년 이상 임대할 목적으로 국가 또는 지방자치단체의 재정 및 「주택도시기금법」에 따른 주택도시기금을 지원받아 건설 또는 매입한 임대주택 나. 50년 이상 임대할 목적으로 국가 또는 지방자치단체의 재정이나 주택도시기금을 지원받아 건설한 임대주택
② 장기공공임대주택 입주자: 장기공공임대주택에 거주하는 자를 말한다.
③ 사업주체: 장기공공임대주택을 건설·공급·관리하는 국가·지방자치단체·한국토지주택공사·「지방공기업법」에 따라 주택사업을 목적으로 설립된 지방공사를 말한다.
④ 복지서비스시설: 「주택법」 제2조에 따른 부대시설과 복리시설 및 장기공공임대주택 입주자의 사회경제적 여건을 개선하기 위하여 설치하는 생산활동시설 등을 말하며, 복지서비스시설의 종류와 규모, 설치 등에 필요한 사항은 대통령령으로 정한다.
"부대시설"이란 주택에 딸린 다음 각 목의 시설 또는 설비를 말한다. 가. 주차장, 관리사무소, 담장 및 주택단지 안의 도로 나. 「건축법」 제2조 제1항 제4호에 따른 건축설비 다. 가목 및 나목의 시설·설비에 준하는 것으로서 대통령령으로 정하는 시설 또는 설비
"복리시설"이란 주택단지의 입주자 등의 생활복리를 위한 다음 각 목의 공동시설을 말한다. 가. 어린이놀이터, 근린생활시설, 유치원, 주민운동시설 및 경로당 나. 그 밖에 입주자 등의 생활복리를 위하여 대통령령으로 정하는 공동시설

출처: 장기공공임대주택 입주자 삶의 질 향상 지원법 및 시행령.

사업주체가 〈임대주택법〉 제20조 제3항에 따라 임대료를 차등 부과하는 경우 차등부과에 따른 차액을 사업주체에게 지원할 수 있다(제5조). 사업주체는 건축물의 노후화 방지 또는 노후건축물의 기능을 개선하는 데 필요한 경우 장기공공임대주택 및 복지서비스시설을 리모델링할 수 있고 국가는 이에 소요되는 재원을 지원하여야 한다(제7조).

표 4-14 ▌ 장기임대주택법에서의 복지서비스시설

①「주택법」 제2조 제13호에 따른 부대시설
"부대시설"이란 주택에 딸린 다음 각 목의 시설 또는 설비를 말한다. 가. 주차장, 관리사무소, 담장 및 주택단지 안의 도로 나.「건축법」 제2조 제1항 제4호에 따른 건축설비 다. 가목 및 나목의 시설·설비에 준하는 것으로서 대통령령으로 정하는 시설 또는 설비
②「주택법」 제2조 제14호에 따른 복리시설
"복리시설"이란 주택단지의 입주자 등의 생활복리를 위한 다음 각 목의 공동시설을 말한다. 가. 어린이놀이터, 근린생활시설, 유치원, 주민운동시설 및 경로당 나. 그 밖에 입주자 등의 생활복리를 위하여 대통령령으로 정하는 공동시설
③「국민기초생활 보장법」 제16조에 따른 지역자활센터 등 장기공공임대주택 입주자의 자활과 고용을 위한 활동을 촉진하기 위한 시설
④「지역보건법」 제10조에 따른 보건소, 같은 법 제13조에 따른 보건지소,「정신건강증진 및 정신질환자 복지서비스 지원에 관한 법률」 제15조에 따른 정신건강복지센터 등 보건의료 및 건강증진을 위한 시설
⑤「사회복지사업법」 제2조 제1호에 따른 사회복지사업 등을 위한 시설 중 국토교통부령으로 정하는 시설
"국토교통부령으로 정하는 시설"이란 다음 각 호의 어느 하나에 해당하는 시설을 말한다. 1.「아동복지법」 제16조 제1항 제7호 및 제11호에 따른 아동상담소와 지역아동센터 2.「노인복지법」 제31조 제3호 및 제4호에 따른 노인여가복지시설 및 재가노인복지시설

출처: 장기공공임대주택 입주자 삶의 질 향상 지원법 시행령 제2조.

7) 노숙인 등의 복지 및 자립지원에 관한 법률

노숙인 등의 복지 및 자립지원에 관한 법률(법률 제10784호, 2011. 6. 7., 제정, 약칭 노숙인복지법)은 노숙인 등에 대한 지원체계를 통합하고, 주거, 급식,

의료 등 복지서비스 제공과 민간단체와의 협력사항을 국가와 지방자치단체의 책임으로 정하여 노숙인 등의 인권을 보호하고 자립을 지원함으로써 이들의 건전한 사회복귀를 도모하기 위하여 제정하였다.

이 법은 노숙인(露宿人) 등의 인간다운 생활을 할 권리를 보호하고 재활 및 자립을 위한 기반을 조성하여 이들의 건전한 사회복귀와 복지증진에 이바지하는 것을 목적으로 한다(제1조).

이 법에서는 주거지원, 급식지원, 의료지원, 여성노숙인 등에 대한 보건 위생물품 지원, 고용지원, 응급조치의 의무에 대하여 정하고 있다(제10조~제14조).

표 4-15 ▌ 노숙인복지법에서의 주거지원

① 국가와 지방자치단체는 노숙인 등의 적절한 주거생활을 위하여 다음 각호의 어느 하나에 해당하는 주거지원을 할 수 있다. 1. 제16조에 따른 노숙인복지시설에 의한 보호 2. 「사회복지사업법」 제2조에 따른 사회복지시설 및 다른 법률에 따른 보호시설에 의한 보호 3. 임대주택의 공급 4. 임시주거비 지원 5. 그 밖에 대통령령으로 정하는 주거지원
노숙인복지시설의 종류는 다음 각호와 같다. 1. 노숙인일시보호시설: 노숙인 등에게 일시보호 및 복지서비스 연계 등을 제공하는 시설 2. 노숙인자활시설: 노숙인 등의 자립을 지원하기 위하여 전문적인 직업상담·훈련 등의 복지서비스를 제공하는 시설 3. 노숙인재활시설: 신체 및 정신장애 등으로 자립이 어려운 노숙인 등에게 치료 및 재활서비스를 제공하는 시설 4. 노숙인요양시설: 건강상의 문제 등으로 단기간 내 가정 및 사회복귀가 어려운 노숙인 등에게 요양서비스를 제공하는 시설 5. 노숙인급식시설: 제11조에 따른 급식시설 6. 노숙인진료시설: 제12조에 따른 진료시설 7. 쪽방상담소: 쪽방 밀집지역에서 쪽방거주자에 대한 상담·취업지원·생계지원, 그 밖의 행정지원서비스를 제공하는 시설 8. 그 밖에 보건복지부령으로 정하는 시설
"사회복지시설"이란 사회복지사업을 할 목적으로 설치된 시설을 말한다.
② 제1항에 따른 주거지원의 기준·방법·절차 등에 필요한 사항은 대통령령으로 정한다.

출처: 노숙인 등의 복지 및 자립지원에 관한 법률 제10조.

표 4-16 ▎ 노숙인복지법 관련 용어정의

① 노숙인 등: 다음 각 목의 어느 하나에 해당하는 사람 중 보건복지부령으로 정하는 사람을 말한다. 가. 상당한 기간 동안 일정한 주거 없이 생활하는 사람 나. 노숙인시설을 이용하거나 상당한 기간 동안 노숙인시설에서 생활하는 사람 다. 상당한 기간 동안 주거로서의 적절성이 현저히 낮은 곳에서 생활하는 사람
"보건복지부령으로 정하는 사람"이란 18세 이상인 사람을 말한다.
② 노숙인시설: 이 법에 따른 노숙인 등을 위한 노숙인복지시설, 노숙인종합지원센터를 말한다.
③ 노숙인시설 종사자: 노숙인시설에서 노숙인 등의 보호, 상담, 복지서비스 연계 및 노숙인 등의 복지에 관한 업무를 담당하는 사람으로서 노숙인시설의 장 및 그 종사자를 말한다.

출처: 노숙인 등의 복지 및 자립지원에 관한 법률 및 시행령.

8) 주택임대차보호법

주택임대차보호법(법률 제3379호, 1981. 3. 5., 제정)은 무주택국민의 주거생활의 안정을 보장하고 임차인의 불편을 해소함은 물론 그 임차권을 보호하여 안정된 임차생활을 영위할 수 있도록 하려고 제정하였다.

이 법은 주거용 건물의 임대차(賃貸借)에 관하여 〈민법〉에 대한 특례를 규정함으로써 국민 주거생활의 안정을 보장함을 목적으로 한다(제1조).

이 법에서 주택임대차 등기는 주민등록을 마친 날, 임차주택을 점유(占有)한 날, 임대차계약증서상의 확정일자를 받은 날에 효력이 있다(제3조의4). 그리고 기간을 정하지 아니하거나 2년 미만으로 정한 임대차는 그 기간을 2년으로 보며(다만, 임차인은 2년 미만으로 정한 기간이 유효함을 주장할 수 있다), 임대차기간이 끝난 경우에도 임차인이 보증금을 반환받을 때까지는 임대차관계가 존속되는 것으로 본다(제4조).

임대인이 임대차기간이 끝나기 6개월 전부터 2개월 전까지의 기간에 임차인에게 갱신거절(更新拒絶)의 통지를 하지 아니하거나 계약조건을 변경하지 아니하면 갱신하지 아니한다는 뜻의 통지를 하지 아니한 경우에는 그 기간이 끝난 때에 전 임대차와 같은 조건으로 다시 임대차한 것으로 본다. 임차인이 임대차 기간이 끝나기 2개월 전까지 통지하지 아니한 경우에도 또한 같다(제6조).

그러나 ① 임차인이 2기의 차임액에 해당하는 금액에 이르도록 차임을 연체한 사실이 있는 경우, ② 임차인이 거짓이나 그 밖의 부정한 방법으로 임차한 경우, ③ 서로 합의하여 임대인이 임차인에게 상당한 보상을 제공한 경우, ④ 임차인이 임대인의 동의 없이 목적 주택의 전부 또는 일부를 전대(轉貸)한 경우, ⑤ 임차인이 임차한 주택의 전부 또는 일부를 고의나 중대한 과실로 파손한 경우, ⑥ 임차한 주택의 전부 또는 일부가 멸실되어 임대차의 목적을 달성하지 못할 경우, ⑦ 임대인이 목적 주택의 전부 또는 대부분을 철거하거나 재건축하기 위하여 목적 주택의 점유를 회복할 필요가 있는 경우, ⑧ 임대인(임대인의 직계존속·직계비속을 포함한다)이 목적 주택에 실제 거주하려는 경우, ⑨ 그 밖에 임차인이 임차인의 의무를 현저히 위반하거나 임대차를 계속하기 어려운 중대한 사유가 있는 경우에는 계약갱신을 거절할 수 있다(제6조의3).

9) 공공주택특별법

2004년에 제정된 〈국민임대주택건설등에 관한 특별조치법〉은 2009년에 〈보금자리주택건설등에 관한 특별법〉으로 전부개정 되었으며, 2014년에 〈공공주택건설등에 관한 특별법〉으로 일부개정 되었으며, 2015년에 〈공공주택특별법〉(법률 제13498호, 2015. 8. 28. 일부개정)으로 다시 일부개정 되었다.

이 법은 공공주택의 원활한 건설과 효과적인 운영을 위하여 필요한 사항을 규정함으로써 서민의 주거안정 및 주거수준 향상을 도모하여 국민의 쾌적한 주거생활에 이바지함을 목적으로 한다(제1조).

표 4-17 ▍ 공공주택특별법 관련 용어정의

① 공공주택: 제4조 제1항 각호에 규정된 자 또는 제4조 제2항에 따른 공공주택사업자가 국가 또는 지방자치단체의 재정이나 「주택도시기금법」에 따른 주택도시기금을 지원받아 이 법 또는 다른 법률에 따라 건설, 매입 또는 임차하여 공급하는 다음 각 목의 어느 하나에 해당하는 주택을 말한다. 가. 임대 또는 임대한 후 분양전환을 할 목적으로 공급하는 「주택법」 제2조 제1호에 따른 주택으로서 대통령령으로 정하는 주택(이하 "공공임대주택"이라 한다) 나. 분양을 목적으로 공급하는 주택으로서 「주택법」 제2조 제5호에 따른 국민주택규모 이하의 주택(이하 "공공분양주택"이라 한다)
② 공공건설임대주택: 제4조에 따른 공공주택사업자가 직접 건설하여 공급하는 공공임대주택을 말한다.
③ 공공매입임대주택: 제4조에 따른 공공주택사업자가 직접 건설하지 아니하고 매매 등으로 취득하여 공급하는 공공임대주택을 말한다.
④ 공공주택지구: 공공주택의 공급을 위하여 공공주택이 전체주택 중 100분의 50 이상이 되고, 제6조 제1항에 따라 지정·고시하는 지구를 말한다. 이 경우 제1호 각 목별 주택비율은 전단의 규정의 범위에서 대통령령으로 정한다.
⑤ 공공주택사업: 다음 각 목에 해당하는 사업을 말한다. 가. 공공주택지구조성사업: 공공주택지구를 조성하는 사업 나. 공공주택건설사업: 공공주택을 건설하는 사업 다. 공공주택매입사업: 공공주택을 공급할 목적으로 주택을 매입하거나 인수하는 사업 라. 공공주택관리사업: 공공주택을 운영·관리하는 사업
⑥ 분양전환: 공공임대주택을 제4조 제1항 각호에 규정된 자가 아닌 자에게 매각하는 것을 말한다.

출처: 공공주택특별법.

표 4-18 ▍ 2020년도 영구임대주택의 표준임대보증금 및 표준임대료

(단위 : 원/㎡, 주거전용면적 기준)

구분	급지기준	표준임대보증금	표준임대료
1급지	서울특별시	101,548	2,023
2급지	광역시 및 수도권	96,303	1,918
3급지	인구 30만 이상 도시, 도청소재지	91,271	1,816
4급지	그 밖의 지역	86,634	1,723

출처: 국토교통부 고시 제2020-223호.

표 4-19 ▍ 영구임대주택 우선공급 자격

가. 해당 세대의 월평균소득이 전년도 도시근로자 가구원수별 가구당 월평균소득의 70% 이하이고 무주택가구 구성원으로서 국가보훈처장이 영구임대주택 입주가 필요하다고 인정하는 아래에 해당하는 공급신청자의 경우에는 일반공급에 따른 입주자선정순위에도 불구하고 그 건설량의 10%를

1세대 1주택의 기준으로 우선 공급할 수 있다. 이 경우 공급신청자 중 입주자로 선정되지 못한 사람에 대해서는 별도의 신청절차 없이 일반공급 신청자에 포함하여 입주자를 선정하여야 한다.

1) 국가유공자 또는 그 유족
2) 보훈보상대상자 또는 그 유족
3) 5·18민주유공자 또는 그 유족
4) 특수임무유공자 또는 그 유족
5) 참전유공자

나. 무주택자로서 등록포로에 대해서는 일반공급에 따른 입주자선정순위에도 불구하고 우선공급할 수 있다.

다. 입주자모집공고일 현재 신혼부부(혼인 중인 사람으로서 혼인기간이 7년 이내이거나 6세 이하의 자녀를 둔 사람을 말한다) 또는 예비신혼부부(혼인을 계획 중이며 해당 주택의 입주 전까지 혼인사실을 증명할 수 있는 사람을 말한다)로서 무주택가구 구성원(예비신혼부부의 경우 혼인으로 구성될 세대의 세대구성원 모두 무주택자인 경우를 말한다. 이하 이 별표에서 같다)인 수급자에 대해서는 일반공급에 따른 입주자선정순위에도 불구하고 그 건설량의 10%를 다음의 순위에 따라 1세대 1주택의 기준으로 우선공급할 수 있다.

1) 제1순위: 혼인기간 중 자녀를 출산(임신 중이거나 입양한 경우를 포함한다)하여 자녀(미성년자로 한정)가 있는 경우
2) 제2순위: 제1순위에 해당하지 않는 경우

라. 다목의 제1순위 및 제2순위에서 경쟁이 있는 경우에는 다음의 기준을 적용하여 산정한 점수가 높은 순으로 입주자를 선정하고, 산정한 점수가 같은 경우에는 추첨의 방법으로 입주자를 선정한다.

1) 자녀의 수
   가) 3명 이상: 3점
   나) 2명: 2점
   다) 1명: 1점
2) 해당 주택건설지역의 연속 거주기간
   가) 3년 이상: 3점
   나) 1년 이상 3년 미만: 2점
   다) 1년 미만: 1점
3) 주택청약종합저축 납입 횟수
   가) 24회 이상: 3점
   나) 12회 이상 24회 미만: 2점
   다) 6회 이상 12회 미만: 1점
4) 혼인기간
   가) 3년 이하: 3점
   나) 3년 초과 5년 이하: 2점
   다) 5년 초과 7년 이하: 1점

마. 다목에 따라 우선 공급하고 남은 주택이 있는 경우에는 수급자 중 자녀가 있는 무주택가구 구성원에게 다음 각호의 순위에 따라 1세대 1주택의 기준으로 공급할 수 있다.

1) 자녀수가 많은 사람
2) 자녀수가 같은 경우에는 추첨으로 선정된 사람

출처: 공공주택 특별법 시행규칙 별표 3, 부분 발췌.

10) 민간임대주택에 관한 특별법

1984년에 제정된 〈임대주택건설촉진법〉이 1993년에 〈임대주택법〉으로 전부개정 되었으며, 2015년에 〈민간임대주택에 관한 특별법〉(법률 제13499호, 2015. 8. 28. 전부개정)으로 다시 전부 개정되었다.

이는 규제 중심의 〈임대주택법〉을 지원 중심의 〈민간임대주택에 관한 특별법〉으로 전부개정하여 도시·건축 규제 완화 등 민간임대주택에 대한 지원을 강화하되, 공공부문의 자원을 활용하여 발생하는 민간의 개발이익을 적정하게 환수하기 위한 근거를 마련하는 등 관련 제도를 보완하기 위한 것이다.

이 법은 민간임대주택의 건설·공급 및 관리와 민간 주택임대사업자 육성 등에 관한 사항을 정함으로써 민간임대주택의 공급을 촉진하고 국민의 주거생활을 안정시키는 것을 목적으로 한다(제1조).

표 4-20 ▌ 민간임대주택법 관련 용어정의

① 민간임대주택: 임대 목적으로 제공하는 주택[토지를 임차하여 건설된 주택 및 오피스텔 등 대통령령으로 정하는 준주택 및 대통령령으로 정하는 일부만을 임대하는 주택을 포함한다. 이하 같다]으로서 임대사업자가 제5조에 따라 등록한 주택을 말하며, 민간건설임대주택과 민간매입임대주택으로 구분한다.
② 민간건설임대주택: 다음 각 목의 어느 하나에 해당하는 민간임대주택을 말한다. 가. 임대사업자가 임대를 목적으로 건설하여 임대하는 주택 나. 「주택법」 제4조에 따라 등록한 주택건설사업자가 같은 법 제15조에 따라 사업계획승인을 받아 건설한 주택 중 사용검사 때까지 분양되지 아니하여 임대하는 주택
③ 민간매입임대주택: 임대사업자가 매매 등으로 소유권을 취득하여 임대하는 민간임대주택을 말한다.
④ 공공지원 민간임대주택: 임대사업자가 다음 각 목의 어느 하나에 해당하는 민간임대주택을 10년 이상 임대할 목적으로 취득하여 이 법에 따른 임대료 및 임차인의 자격 제한 등을 받아 임대하는 민간임대주택을 말한다. 가. 「주택도시기금법」에 따른 주택도시기금의 출자를 받아 건설 또는 매입하는 민간임대주택 나. 「주택법」 제2조 제24호에 따른 공공택지 또는 이 법 제18조 제2항에 따라 수의계약 등으로 공급되는 토지 및 「혁신도시 조성 및 발전에 관한 특별법」 제2조 제6호에 따른 종전부동산을 매입 또는 임차하여 건설하는 민간임대주택 다. 제21조 제2호에 따라 용적률을 완화 받거나 「국토의 계획 및 이용에 관한 법률」 제30조에

따라 용도지역 변경을 통하여 용적률을 완화 받아 건설하는 민간임대주택

라. 제22조에 따라 지정되는 공공지원 민간임대주택 공급촉진지구에서 건설하는 민간임대주택

마. 그 밖에 국토교통부령으로 정하는 공공지원을 받아 건설 또는 매입하는 민간임대주택

⑤ 장기일반민간임대주택: 임대사업자가 공공지원 민간임대주택이 아닌 주택을 10년 이상 임대할 목적으로 취득하여 임대하는 민간임대주택(아파트를 임대하는 민간매입임대주택은 제외한다)을 말한다.

⑥ 임대사업자: 「공공주택 특별법」 제4조 제1항에 따른 공공주택사업자가 아닌 자로서 1호 이상의 민간임대주택을 취득하여 임대하는 사업을 할 목적으로 제5조에 따라 등록한 자를 말한다.

⑦ 주택임대관리업: 주택의 소유자로부터 임대관리를 위탁받아 관리하는 업(業)을 말하며, 다음 각 목으로 구분한다.

가. 자기관리형 주택임대관리업: 주택의 소유자로부터 주택을 임차하여 자기책임으로 전대(轉貸)하는 형태의 업

나. 위탁관리형 주택임대관리업: 주택의 소유자로부터 수수료를 받고 임대료 부과·징수 및 시설물 유지·관리 등을 대행하는 형태의 업

⑧ 주택임대관리업자: 주택임대관리업을 하기 위하여 제7조 제1항에 따라 등록한 자를 말한다.

⑨ 공공지원 민간임대주택 공급촉진지구: 공공지원 민간임대주택의 공급을 촉진하기 위하여 제22조에 따라 지정하는 지구를 말한다.

⑩ 역세권등: 다음 각 목의 어느 하나에 해당하는 시설부터 1km 거리 이내에 위치한 지역을 말한다. 이 경우 특별시장·광역시장·특별자치시장·도지사·특별자치도지사(이하 "시·도지사"라 한다)는 해당 지방자치단체의 조례로 그 거리를 50%의 범위에서 증감하여 달리 정할 수 있다.

가. 「철도의 건설 및 철도시설 유지관리에 관한 법률」, 「철도산업발전기본법」 및 「도시철도법」에 따라 건설 및 운영되는 철도역

나. 「간선급행버스체계의 건설 및 운영에 관한 특별법」 제2조 제3호 다목에 따른 환승시설

다. 「산업입지 및 개발에 관한 법률」 제2조 제8호에 따른 산업단지

라. 「수도권정비계획법」 제2조 제3호에 따른 인구집중유발시설로서 대통령령으로 정하는 시설

마. 그 밖에 해당 지방자치단체의 조례로 정하는 시설

⑪ 주거지원대상자: 청년·신혼부부 등 주거지원이 필요한 사람으로서 국토교통부령으로 정하는 요건을 충족하는 사람을 말한다.

⑫ 복합지원시설: 공공지원 민간임대주택에 거주하는 임차인 등의 경제활동과 일상생활을 지원하는 시설로서 대통령령으로 정하는 시설을 말한다.

출처: 민간임대주택에 관한 특별법.

표 4-21 ▌ 민간임대주택의 관리비 내용

관리비 항목	구성 내용
1. 일반관리비	가. 인건비: 급여, 제수당, 상여금, 퇴직금, 산재보험료, 고용보험료, 국민연금, 국민건강보험료 및 식대 등 복리후생비 나. 제사무비: 일반사무용품비, 도서인쇄비, 교통통신비 등 관리사무에 직접 드는 비용 다. 제세공과금: 관리기구가 사용한 전기료, 통신료, 우편료 및 관리기구에부과되는 세금 등 라. 피복비 마. 교육훈련비 바. 차량유지비: 연료비, 수리비 및 보험료 등 차량유지에 직접 드는 비용 사. 그 밖의 부대비용: 관리용품구입비 및 그 밖에 관리업무에 드는 비용
2. 청소비	가. 용역인 경우: 용역금액 나. 직영인 경우: 청소원인건비, 피복비 및 청소용품비 등 청소에 직접 드는 비용
3. 경비비	가. 용역인 경우: 용역금액 나. 직영인 경우: 경비원 인건비, 피복비 등 경비에 직접 드는 비용
4. 소독비	가. 용역인 경우: 용역금액 나. 직영인 경우: 소독용품비 등 소독에 직접 드는 비용
5. 승강기 유지비	가. 용역인 경우: 용역금액 나. 직영인 경우: 제부대비, 자재비 등. 다만, 전기료는 공공용으로 사용되는 시설의 전기료에 포함한다.
6. 난방비	난방 및 급탕에 소요된 원가(유류대, 난방 및 급탕용수비)에서 급탕비를 뺀 금액
7. 급탕비	급탕용 유류대 및 급탕용수비
8. 수선유지비	가. 보수용역인 경우: 용역금액 나. 직영인 경우: 자재 및 인건비 다. 냉난방시설의 청소비, 소화기충약비 등 임차인의 주거생활의 편익을 위하여 제공되는 비용으로서 소모적 지출에 해당하는 비용
9. 지능형 홈네트워크 설비 유지비	가. 용역인 경우: 용역금액 나. 직영인 경우: 지능형 홈네트워크 설비 관련 인건비, 자재비 등 지능형 홈네트워크 설비의 유지 및 관리에 직접 드는 비용. 다만, 전기료는 공동으로 사용되는 시설의 전기료에 포함한다.
*사용료(임차인이 내어야 할 사용료를 임차인을 대행하여 받을 자에게 낼 수 있다)	1. 전기료(공동으로 사용하는 시설의 전기료를 포함한다) 2. 수도료(공동으로 사용하는 수도료를 포함한다) 3. 가스 사용료 4. 지역난방방식인 공동주택의 난방비와 급탕비 5. 정화조 오물 수수료 6. 생활 폐기물 수수료 7. 임차인대표회의 운영비
** 임대사업자는 인양기 등의 사용료를 해당 시설의 사용자에게 따로 부과할 수 있다.	

출처 : 민간임대주택에 관한 특별법 시행규칙 제22조 및 별표3의 내용을 재구성

참고문헌

강미나 · 진정수 · 안홍기 · 유미경(2014), 주거복지 평가지표 개발 연구, 국토연 2014-41.
공공주택특별법, 시행령, 시행규칙.
국토교통부 고시 제2020-223호.
국토교통부(2017), 주거복지 로드맵.
국토교통부(2020), 주거복지로드맵 2.0.
권오정 외 9인(2017), 주거복지총론, ㈜이테시스.
권오정 외 9인(2020), 2020 개정판 주거복지총론, ㈜이테시스.
김복식, 류지성(2016), 우리나라 공공임대주택정책의 경로변화-보금자리 주택, 행복주택을 중심으로, 한국컨텐츠학회논문지, 16(9), 170-184.
김수현(2013), 주거복지의 새로운 패러다임과 정책과제, 월간 복지동향 179.
남원석(2012), 주거복지정책 프로그램의 평가와 과제, 주택도시연구 2(2), 19-32.
노숙인 등의 복지 및 자립지원에 관한 법률, 시행령, 시행규칙.
농어촌마을 주거환경개선 및 리모델링 촉진을 위한 특별법, 시행령, 시행규칙.
대한민국 정책브리핑 홈페이지, 정책뉴스 [국정결산-6공화국 5년] 주택2백만호 건설.
도시 및 주거환경정비법, 시행령, 시행규칙, 등기규칙.
민간임대주택에 관한 특별법, 시행령, 시행규칙.
박병선(1993), 국정결산-6공화국 5년, 국정신문 1993.01.14.
배문호(2004), 공공임대 주택정책 정부별 비교 연구-3개정부(노태우정부, 김영삼정부, 김대중정부)를 중심으로, 중앙대학교 석사학위논문. p.49-55.
서정렬 외(2017), 문재인 정부의 주거 및 주택정책에 바란다, 도시정보 423.
임대주택건설촉진법, 시행령, 시행규칙.
장기공공임대주택 입주자 삶의 질 향상 지원법, 시행령, 시행규칙.
장애인·고령자 등 주거약자지원에 관한 법률, 시행령, 시행규칙.
주거급여법, 시행령, 시행규칙.
주거기본법, 시행령, 시행규칙.
주택법, 시행령, 시행규칙.
주택임대차보호법, 시행령.
참여정부 정책보고서(2008), 국정과제, 대통령자문 정책기획위원회, 노무현사료관.
참여정부 정책보고서(2008), 부동산시장 안정 및 주거복지, 대통령자문 정책기획위원회, 노무현사료관.
하성규 외(2012), 한국주거복지정책, 박영사.
허강무(2013), 박근혜정부의 주택정책 과제, 한국토지공법학회 토지공법연구 제63집.

CHAPTER

05 주거복지제도

법은 국가 권력에 의해 강제되는 사회규범이며, 정책은 공공문제를 해결하기 위하여 정부에 의해 결정된 행동방침이다. 이를 실행하는 과정에서 제도가 필요하다. 제도는 사회의 규범이나 가치체계에 바탕을 두고 형성되는 사회규범의 체계를 말한다. 주거복지제도는 크게 주택으로 지원하는 것과 자금으로 지원하는 것이 있다.

1. 주택지원제도

1) 공공주택

공공주택은 우리나라 대물보조방식 주거복지정책의 대표적인 예이다. 〈공공주택특별법〉에 따른 공공주택이란 공공주택사업자가 국가 또는 지방자치단체의 재정이나 주택도시기금을 지원받아 건설, 매입 또는 임차하여 공급하는 주택이다.

공공주택은 공급목적에 따라서 임대 또는 임대 후 분양전환을 목적으로 공급하는 공공임대주택과 분양을 목적으로 공급하는 공공분양주택으로 구분된다. 이때, 공공분양주택은 국민주택규모 이하로 제한된다.

표 5-1 ▌ 공공주택의 정의

공공주택은 국가 또는 지자체, 한국토지주택공사, 지방공사, 공공기관* 및 민간사업자**가 국가 또는 지자체의 재정이나 주택도시기금을 지원받아 건설, 매입 또는 임차하여 공급하는 주택이다. * 한국농어촌공사, 한국철도공사, 한국철도시설공단, 공무원연금공단, 제주국제자유도시개발센터, 주택도시보증공사 ** 공공이 50%를 초과하여 출자・설립한 법인, 공공이 총지분 전부를 출자(공동출자 포함)하여 설립한 부동산투자회사

출처: 공공주택특별법 제2조

표 5-2 ▌ 공공주택사업

가. 공공주택지구조성사업: 공공주택지구를 조성하는 사업
나. 공공주택건설사업: 공공주택을 건설하는 사업
다. 공공주택매입사업: 공공주택을 공급할 목적으로 주택을 매입하거나 인수하는 사업
라. 공공주택관리사업: 공공주택을 운영·관리하는 사업

출처: 공공주택특별법 제2조

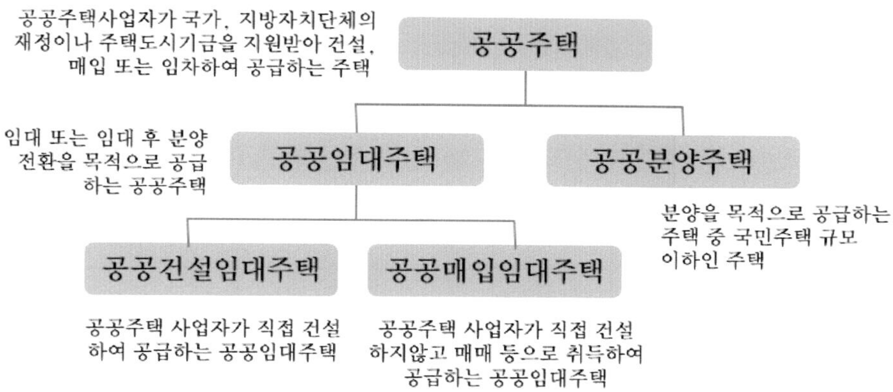

그림 5-1 ▌ 공공주택의 유형

대부분의 자본주의 국가는 주거복지 측면에서 사회주택(social housing)을 공급하거나 임대료 보조 제도를 시행하고 있다. 사회주택은 저소득층 가구 등이 주택문제를 스스로 해결하기 힘든 경우 시장가격 이하의 값싼 임대료의 주택을 공급하여 주거안정을 도모하게 하는 정부 혹은 공공기관, 비영리단체 등이 공급한 주택이다.

우리나라도 정부와 공공기관은 물론이고 비영리단체에서도 저소득층을 위한 주거복지사업을 하고 있다. 비영리단체의 공공주택사업은 주택공급, 주택수리, 저소득가구에 대한 주거서비스 제공, 임차인 조직을 통한 임대주택관리, 노숙인 주거 및 식사지원, 주택문제 상담 등이다. 특히 제도권 밖에 있어 주거복지서비스를 받지 못하는 정기적 소득이 있는 노숙인이 전세금을 마련할 수 있도록 일정기간 주거공간을 지원해 주는 자활의 집 사업이나, 월세보증금을 저축하거나 정기적 소득으로 월세부담이 가능한 노숙인에게 월세의 일정액을 지원하는 월세지원사업은 매우 유용한 사업이다.

그러나 비영리단체의 공공주택사업은 소규모 형태로 지역에 기반을 두어 주도적으로 공공주택사업을 발굴하기보다는 정부정책에서 소외된 사람들을 대상으로 사업을 추진하는 경향이 있다. 또한 전문성이나 책임성 부족, 통시적 시각의 결여로 인해 종합적인 대책을 수립하는 데는 한계가 있으며, 후원금이나 자원봉사로 사업을 진행하기 때문에 장기적인 운영이 어렵다.

이같이 비영리단체의 공공주택사업은 대규모 공급이 어려우므로 민간임대주택의 활성화를 위한 지원이나 임대료 상한제 등을 공공정책에 반영할 필요가 있다.

2) 공공임대주택

(1) 공공임대주택의 유형

공공임대주택의 효시는 1989년 도입된 영구임대주택(1989~1993, 2009년 재개)이라고 할 수 있다. 국민임대(1998년~현재), 10년공공임대(2003년~현재), 다가구매입임대(2004년~현재), 전세임대(2005년~현재), 행복주택(2013년~현재) 등 시기별로 다양한 공공임대주택이 도입되었다.

공공임대주택은 공급방식에 따라서 공공주택사업자가 직접 건설하여 공급하는 공공건설임대주택과 공공주택사업자가 직접 건설하지 않고 매매이나 임차 등으로 취득하여 공급하는 공공매입임대주택으로 구분된다. 공공임대주택은 종류에 따라 주호규모, 입주대상 계층, 임대기간, 정부의 재정지원 및 임대료 수준 등이 다양하다.

표 5-3 ▌ 공공임대주택의 유형

구분		내용
공공임대주택*	영구임대주택	최저소득 계층의 주거안정을 위해 50년 이상 또는 영구적인 임대를 목적으로 공급
	국민임대주택	30년 이상 장기간임 대를 목적으로 공급
	행복주택	대학생, 사회초년생, 신혼부부 등 젊은 층의 주거안정을 목적으로 공급
	장기전세주택	전세계약 방식으로 공급
	분양전환 공공임대주택	일정 기간 임대 후 분양 전환할 목적으로 공급
	기존주택 매입임대주택	기존주택을 매입하여 저소득 서민, 청년, 신혼부부 등에게 공급
	기존주택 전세임대주택	기존주택을 임차하여 저소득 서민, 청년, 신혼부부 등에게 공급
공공분양주택**		분양을 목적으로 공급하는 주택으로 국민주택규모 이하의 주택

* 공공주택특별법 시행령 제2조
** 주택법 제2조

공공임대주택은 무주택 저소득층을 위한 안정적 임대주택 공급기반 마련에 크게 기여하고 있다. 공공임대주택의 공급대상은 대체로 소득 5분위 이하 무주택 임차가구이다.

임대주택 유형으로 분류하면 영구임대, 매입임대, 전세임대는 수급자를 포함한 소득 1~2분위를 대상으로 하고 있고, 국민임대는 소득 5분위 이하를 주된 대상으로 하고 있으며, 행복주택은 신혼부부와 청년층에게 80% 물량을 할당하고 나머지 20%는 저소득층과 고령자에게 할당하고 있다.

임대주택 유형에 따라 사업주체와 재정비용의 부담 주체 및 비율이 다르며, 임대기간과 전용규모 또한 다르다.

표 5-4 ▌ 공공임대주택의 유형별 특성

유형		사업주체	비용부담	임대기간	입주대상(임차인)	규모(전용)
영구임대		국가, 지자체, LH공사	• 국가·지방자치단체 재정 85% 이상 • 입주자 부담 15%	영구	• 생계급여 또는 의료급여 수급 무주택가구 구성원 • 한부모가족, 국가유공자 등 • 기타 청약저축 가입자	40㎡ 이하
50년 공공임대		국가, 지자체, LH공사	• 1992~1993 사업분: 재정 50%, 기금 20%, 입주자 30% • 1994년 이후: 규모별로 기금지원	50년	• 청약저축가입자 • 기타 특별공급 대상자(국가유공자, 철거민, 장애인 등)	60㎡ 이하
국민임대		LH공사, 지자체	• 재정 10~40% • 주택도시기금 40~50% • 사업자 10% • 임차인 10~30%	30년	• 50㎡ 미만: 전년도 도시근로자 가구당 월평균소득의 70% 이하인 무주택 가구 구성원(50% 이하인 자 우선공급) • 50㎡ 이상 60㎡ 이하: 전년도 도시근로자 가구당 월평균소득의 70% 이하인 무주택 가구 구성원(단독세대주 제외) • 60㎡ 초과: 전년도 도시근로자 가구당 월평균소득 이하인 무주택가구 구성원	85㎡ 이하
장기전세	건설	LH공사, 지자체	• 공공임대와 동일	20년	• 국민임대와 동일. 단, 소득은 50% 완화가능	85㎡ 이하
	매입		• 시행자 100%		• 무주택가구 구성원	제한없음
5년·10년 공공임대		LH공사, 지자체, 민간업체	• 규모별로 기금지원 (85㎡ 이하) • 택지는 149㎡까지 공급	5년·10년	• 무주택세대구성원 (청약저축 가입자)	149㎡ 이하
사원임대		LH공사, 지자체, 민간업체, 고용자		5년	• 5인 이상 고용사업체의 무주택세대주인 피고용자	85㎡ 이하

출처: 국토교통부(2015), 주택업무 편람 p.240 표 재구성.

(2) 공공임대주택의 현황

공공임대주택은 임대료가 저렴한 주택을 장기간 공급함으로써 임차인의 주거안정을 보장한다는 큰 장점이 있다. 그러나 초기 재정부담이 크다. 특히 도심 내에 저렴한 택지를 확보하지 못하면 재정적 부담이 매우 크며, 20~30년 뒤에는 건물과 시설의 노후화로 추가적인 재정 부담이 있다. 또한 공공이 직접 주택을 생산하면서 자원배분에 비효율성이 존재하며, 소비자가 지역이나 규모, 유형 등에서 주택선택에 제약을 받는다. 그리고 정부, 관리인, 임차인 상호간 정보의 비대칭으로 인한 도덕적 해이가 생기기도 한다.

즉 공공임대주택은 생산, 소비, 관리의 측면에서 분양주택과 비교할 때 비효율적인 측면이 있다. 또한 공공임대주택 입주자격이 있음에도 불구하고, 공급부족 등의 이유로 입주하지 못한 가구는 혜택을 받지 못한다. 그리고 임차인들 간의 소득 차이에도 불구하고 같은 임대료를 부과함으로써 형평성 문제가 존재하며, 공공임대주택 입주자라는 사회적 낙인 또는 지역사회와의 단절 문제가 생기기도 한다.

우리나라 공공임대주택은 2000년 27만 호로 총주택재고 대비 2.3%에 불과하였으나 2017년 말 기준 장기공공임대주택이 145.6만 호로 총주택재고 대비 7.2% 수준으로 증가하였다. 그러나 선진국과 비교하면 아직 공공임대주택의 재고는 부족한 실정이다.[1] 이에 2017년 주거복지 로드맵에서는 2022년 공적임대주택 재고 200만 호, 즉 재고율 9% 달성을 목표로 하고 있다.[2]

공공임대주택의 재고가 확충되면 주거환경이 안정되는 가구가 늘어난다. 그러나 저소득층의 경우에는 임대주택에 입주하는 것만으로 주거문제가 모두 해결되는 것은 아니다. 입주 후에도 계속 안정적인 생활을 할 수 있도록 입주자의 자립의지를 유도하고, 지역공동체에서 소외되지 않도록 지속적인 관심을

1) 서울시의 공공임대주택 정책 목표와 발전 방향(2019), 천현숙, 주택도시연구, 9(1), pp.1-11.
2) 국토교통부(2018), 2017년 주거복지 로드맵, p.40.

가져야 한다.

한편, 공공임대주택의 재고가 늘어나는 것은 공공자산이 증가한다는 것이다. 이는 국토발전계획에 추진력을 가지게 된다. 이에 정부는 공공주택을 105.2만 호 공급할 계획은 수립하였다. 2019년까지 42.9만 호를 공급하였고, 2020년에는 공공주택 21.0만 호를 공급하여 장기공공임대주택 재고율을 OECD 평균 수준(8%)까지 도달할 것으로 전망하고 있다. 그리고 공공주택이 적기에 공급될 수 있도록 현행 2018~2022년 사이에 연평균 21만 호 공공주택 공급계획을 2025년까지 확장하여 2022년 200만 호, 2025년 240만 호까지 추가 확보하여 공공임대주택 재고율을 OECD 평균 8%를 상회하는 10%까지 확보할 계획을 추진하고 있다.

즉 공급계획 확장에 따라 2021~2025년 약 70만 호 공공주택을 신규 건설하며 이중 약 40만 호는 기존 공공택지지구를, 약 25만 호는 신규 부지를 활용할 계획이며, 신규 25만 호는 수도권 30만 호 중 공공분양 등 공공주택 19만 호, 지자체 제안 등을 통한 공공임대 6천 호, 재정비 사업을 통한 공공임대 3.7만 호 등 주로 서울·수도권 우수 입지에 마련할 계획이다.

또한 공공임대주택의 공급뿐만 아니라 영구·국민·행복 등 다양한 종류의 임대주택 유형의 운영을 개선하고, 일부 유형의 지역사회 단절 등을 해결하기 위해 공공임대주택 유형을 하나로 통합할 계획이다. 이를 위해 입주자격은 중위소득 130% 이하 등 하나로 통합하여 영구임대는 최저소득계층 위주로, 행복주택은 상대적으로 소득이 높은 국민 위주로 거주하는 분리 현상을 해소하며, 우선공급 대상·비율 등 공급 기준도 저소득·장애인 등과 신혼부부·청년 등이 한 단지 내에서 균형이 있게 거주하도록 바꿀 계획이다. 또한 소득수준과 관계없이 주택유형에 따라 부과되던 임대료는 최저 시세 35%부터 최고 시세 65%~80% 수준까지 부담능력에 따라 적정하게 책정되도록 개선한다. 그래서 결과적으로 매년 영구임대주택 수준의 임대료로 제공되는 공공임대 물량이 현재 9%에서 32%까지 확대되는 등 저소득층의 주거비 부담이 대폭 낮아질 것으로 기대된다. 아울러, 가구원수별 대표면적을 도입하여 가구원 수가 많을수록 면적이 더 넓고 방이 더 많은 주택을 제공할 예정이다. 2022년 승인분부터 모두 유형통합으로 공급되며, 기존 재고분도 추가 연구 등을 통해 2021년부터 점차 통합모델을 적용할 계획이다.

표 5-5 ▌ 주거복지 로드맵 공적 주택 공급계획 및 실적

(단위: 만 호)

공급유형		공급계획	2018년(실적)	2019년(실적)	2020년	2021년	2022년
공공임대	청년	90.2	17.2(19.4)	17.6(18.5)	18.1	18.6	18.7
	신혼부부	21.0	3.6(3.7)	4.1(4.8)	4.3	4.5	4.5
	고령자	25.0	3.3(3.0)	4.6(4.4)	5.2	5.8	6.1
	일반저소득	5.0	0.9(1.4)	0.9(0.9)	1.0	1.1	1.1
	공공임대 계	39.2	9.4(11.3)	8.0(8.4)	7.6	7.2	7.0
공공분양(착공)		15.0	1.8(1.9)	2.9(3.1)	2.9	3.5	3.9
합계		105.2	19.0(21.3)	20.5(21.6)	21.0	22.1	22.6

출처: 국토교통부(2020), 주거복지 로드맵 2.0 보도자료.

2. 자금지원제도

자금지원 보조제도는 주거안정을 위해 지원이 필요한 계층에게 현금으로 정부가 직접 지원하는 수요자 보조방식이다. 수요자에게 직접 전달되는 자금지원의 경우 저리의 대출이나 융자 형태의 금융지원제도와 소득수준에 따라 지급되는 주거급여제도 등이 있다.

저소득 · 취약가구를 위해서는 주거급여를 개편하여 지원을 강화하고, 청년층을 위해서는 우대형 청약통장 도입과 전월세자금 지원을 하고 있다. 신혼부부를 위해서는 신혼부부 전용 구입 및 전세자금 대출과 저소득 신혼부부 주거비 지원을 하고 있다. 그리고 고령층을 위해서는 주택개보수 지원을 강화하고 있다.

표 5-6 ▌ 취약계층에 대한 주거지원 프로그램

구분	중위소득 43% 이하 가구	전년도 도시근로자 가구당 월평균 소득의 50% 이하	전년도 도시근로자 가구당 월평균 소득의 70% 이하
수요자 보조방식	주거급여 (임차, 자가)	주거 안정 월세 대출 (연소득 5천만 원 이하)	버팀목 대출 (전세자금 대출 지원) (연소득 5천만 원 이하)

출처: 국토교통부(2020), 2020년도 주거급여사업 안내, p.6.

1) 주거급여

기존의 주거급여는 최저 생계비 이하를 대상으로 각종 급여를 포괄 지급하는 형태이었다. 이는 선정된 계층만 모든 지원을 받고, 다른 사람들은 어떠한 지원도 받을 수 없는(All or Nothing) 지원의 사각지대가 발생하게 된다. 이처럼 통합급여 내 주거급여는 거주형태, 임차료 수준과 상관없이 일괄 지급되어 주거비 부담 해소에 한계가 있었다.

이에 보편적 주거복지 실현 방안으로 기초생활보장 제도상 생계(중위소득 30%)·의료(중위소득 40%)·주거(중위소득 43%)·교육(중위소득 50%) 급여를 맞춤형 개별급여로 전환하여 실질적 주거지원을 위해 거주형태와 임대료 부담수준 등을 종합적으로 고려하는 개별급여로 전환되었다.

주거급여의 수급자격은 2020년 현재 소득인정액 기준 43% 이하이며, 이는 단계적으로 확대할 계획이다. 주거급여제도는 실질적인 주거비 부담 완화 및 주거보장 지원제도이다. 임차는 수급자의 가구원수, 거주형태, 부담수준, 지역

여건 등을 고려하여 임차료를 지원하고, 자가는 주택의 노후화 정도에 따른 맞춤형 주택개보수가 가능하도록 수선유지 급여를 지급한다.

표 5-7 ▌ 주거급여제도 개편 전후 비교

구분	개편 전 주거급여	개편 후 주거급여
근거법	국민기초생활보장법	주거급여법+국민기초생활보장법
소관부처	보건복지부	국토교통부
지급대상	소득인정액이 현금급여기준선 (중위소득 33%) 이하	소득인정액이 중위소득 43% 이하 * '19년부터 44%로 확대
지원기준	(현금급여기준액-소득인정액)의 약 22%	거주형태, 주거비 부담 등을 종합 고려하여 지급
임차	주거급여액 전액 현금 지급	좌동
자가	주거급여액 중 일부만 현금, 일부는 공제하여 주택개량 지원	주택개량 지원
전달체계	지자체	지자체(주택조사는 LH에 의뢰)

출처 : 국토교통부(2019), 주택업무편람, p.194

표 5-8 ▌ 소득규모에 따른 주거급여 지원수준

소득규모	임차가구	자가가구
소득인정액*이 생계급여 선정기준** 이하인 경우	기준 임대료 또는 실제 임차료 중 더 낮은 금액 전액 지원	100% 지원
소득인정액이 생계급여 산정기준을 초과한 경우	기준 임대료 또는 실제 임차료 중 더 낮은 금액에서 자기부담분***을 제한 금액을 지원	소득인정액이 생계급여 선정기준을 초과하고 기중 중위소득의 35% 이하인 경우: 90% 지원
		소득인정액이 기준 중위소득의 35%를 초과하고 44% 이하인 경우: 80% 지원

* 수선인정액 = 소득평가액 + 재산의 소득환산액

** 2020년 기준, 기준 중위소득의 30% 이하

*** 자기부담분 = (소득인정액 - 생계급여 선정기준) x 0.3

출처: 권오정 외(2020), 2020 개정판 주거복지총론, p.101, ㈜이테시스.

2) 주택금융

서민주택금융 업무를 수행하고 있는 기관은 주택도시보증공사(HUG)와 한국주택금융공사(HF)이다. 주택도시보증공사는 주택에 관한 각종 보증업무 등을 위하여 주택도시기금을 운용관리하며, 한국주택금융공사는 주택금융의 장기적 안정적 공급지원을 위해 주택금융신용보증기금을 운용관리하고 있다.

주택도시기금은 정부가 주거복지 증진과 도시재생 활성화를 지원함으로써 국민의 삶의 질 향상에 이바지하기 위한 자금을 확보하기 위해 설치 운영하는 기금이다. 개인보증제도는 전세 세입자(전세보증금반환보증, 전세금안심대출보증), 주택 구매자(주택임차자금보증, 주택구입자금보증), 재개발 및 리모델링(정비사업자금대출보증, 리모델링자금보증), 임대사업자(전세임대주택 전세보증금반환보증, 임차료지급보증, 임대주택매입자금보증), 단독주택사업(단독주택 품질보증, 단독주택 준공보증)이 있다.[3)]

한국주택금융공사에서는 유동화 증권발행, 보금자리론과 적격대출 공급, 주택보증지원, 주택연금공급을 하고 있다. 이 중 보금자리론과 적격대출공급은 무주택자가 금리변동 없이 안정적인 대출금 상환이 가능한 10년 이상 장기고정금리 원리금 분할상환 방식의 모기지론인 보금자리론과 적격대출 공급이다. 주택보증지원은 국민의 주거안정을 위해 금융기관으로부터의 전세자금대출 및 아파트중도금 대출에 대한 보증서를 발급해 오고 있으며, 주택건설사업자를 대상으로 하는 아파트 건설자금 대출에 대한 주택보증 지원이다. 그리고 주택연금공급은 만 55세 이상의 노인층을 대상으로 보유하고 있는 주택을 담보로 금융기관으로부터의 종신연금 수령을 보장하는 주택연금 업무이다.[4)]

---

3) 주택도시보증공사 홈페이지, 한눈에 보는 개인보증상품, http://www.khug.or.kr
4) 한국주택금융공사 홈페이지, 주택금융공사 소개, https://www.hf.go.kr

표 5-9 ▎ 서민주택금융기관의 비교

<table>
<tr><th colspan="2">구분</th><th>주택도시기금</th><th>주택금융신용보증기금</th></tr>
<tr><td colspan="2">설립근거</td><td>주택도시기금법 제3조
(설치일:1973년1월)</td><td>한국주택금융공사법 제47조
(설치일:1988년1월)</td></tr>
<tr><td colspan="2">설립목적</td><td>공공주택건설, 도시재생 활성화 등에 필요한 자금 확보, 저리의 주택자금 지원으로 무주택 서민의 주거 안정 도모</td><td>주택건설업자와 주택수요자에게 주택자금을 원활하게 공급하도록 보증지원, 근로자 서민층의 주거 안정 도모</td></tr>
<tr><td colspan="2">재원</td><td>국민주택채권, 청약저축 등</td><td>정부출연금, 금융기관 출연금 등</td></tr>
<tr><td colspan="2">관리기관</td><td>국토교통부(주택도시보증공사 위탁)</td><td>한국주택금융공사</td></tr>
<tr><td colspan="2">감독기관</td><td>국토교통부</td><td>금융위원회</td></tr>
<tr><td rowspan="3">주요상품</td><td>구입자금</td><td>내집마련 디딤돌 대출
수익공유형 모기지
손익공유형 모기지
주거안정주택구입 자금
오피스텔 구입자금</td><td>보금자리론
아낌e 보금자리론
t플러스보금자리론
적격대출</td></tr>
<tr><td>전월세자금</td><td>버팀목 전세자금
주거안정월세대출</td><td>–</td></tr>
<tr><td>기타</td><td>부도임대주택 경락자금
부도임대주택 퇴거자 전세자금</td><td>주택연금
유동화증권</td></tr>
</table>

출처 : 주거복지 원격교육원(2017), 주거복지개론, p.171, ㈜이테시스.

한편, 생애단계별 맞춤형 자금지원으로 신혼부부에 대한 주택자금지원과 청년 우대형 청년통장 제도가 있다.

생애최초 신혼부부 전용 구입자금 대출은 혼인기간 5년 이내 또는 3개월 이내 결혼예정자로 합산 연소득이 7천만 원 이하인 부부가 시가 5억 원 이하, 전용 85㎡ 이하의 주택을 구매하고자 할 때 저리로 대출이 가능한 제도이다. 신혼부부 전용 버팀목 대출은 지역별 임차보증금의 80% 이내를 저리로 대출이 가능한 제도이다.

청년 우대형 청년통장은 저소득 무주택세대주 청년의 내집·전셋집 마련을 지원하기 위해 기존 청약 기능에 더하여 우대이율과 비과세 혜택을 제공하는 청약통장으로 만 19세 이상 34세 이하인 청년이 대상이며 직전년도 소득 3천

만 원 이하인 근로·사업·기타소득자가 자격요건을 가진다.

3) 주택바우처

주거비 보조의 한 형태인 주택바우처(housing voucher)는 저소득 임차가구의 주거비 부담을 줄여주기 위해서 주거비를 쿠폰 형태로 지급한다. 이는 저소득층의 주거비 부담에 대응하기 위한 중요한 정책 수단이다.

주택바우처는 공공임대주택이 지닌 주거이동의 한계를 극복하고 비용 측면에서도 상대적으로 효율적인 주거비 지원제도이다. 특히 주택을 직접 공급하기보다 비용면에서 효과적이며, 거주지 이동 및 선택권을 보장할 수 있다는 장점이 있다.

주택바우처는 저소득 임차가구가 일정 수준의 주거비를 지불하고 나머지를 자신의 생활에 필요한 자금으로 사용할 수 있으므로 빈곤층으로 전락하는 위험을 줄이는 효과도 있다. 또한 취약가구의 주거안정성에 큰 효과가 있다. 즉 주택바우처는 장애가구나 어린이가 있는 가구, 편모가정, 노인가구 등 취약가구가 홈리스가 될 위험을 현저히 감소시킨다.

주거비 보조제도의 문제점 중 하나는 보조를 받는 가구의 근로소득이 증가하면 주거비 지출 비중이 높아지고, 그로 인해 정부로부터의 보조금이 축소되기 때문에 수혜가구의 근로의욕을 저하한다는 것이다. 그러나 주택바우처제도는 이런 부정적인 효과가 없다는 연구결과가 있다. 오히려 잘 고안된 복지 프로그램과 연계되었을 때 저소득 수혜자들의 근로의욕 고취에 도움이 되고, 일할 동기부여가 된다고 한다. 이렇게 주택바우처는 물리적, 사회적, 경제적 부분에서 저소득가구의 주거복지 향상에 기여하고 있다.

주거비 보조제도의 장점은 실질적인 저소득층 주거지원으로 임차인의 주거선택 기회를 확대할 수 있다는 것이다. 또한 도시 저소득층이 특정한 지역에 밀집되는 것을 방지하는 효과뿐 아니라 사회적 혼합을 자연스럽게 유도할 수 있다. 더불어 예산 운용 측면에서 공공임대주택 공급과 비교했을 때 효과적이다. 특히 임차인 스스로가 주거서비스에 대해 결정을 내리도록 해 주기 때문에 임대료 규제나 공공임대주택 공급보다 효율적인 제도이다.

4) 주택개량

주거는 생활을 담는 공간이기도 하지만 거주자의 건강과 안전에 영향을 미치기 때문에 부적합한 주거환경은 수리나 개조를 통해 최소한의 안전과 쾌적한 실내 환경을 확보해야 한다. 이러한 주택환경 개선은 기존주택의 효율적인 유지·관리나 노후 불량주택의 해결과도 연관이 있다.

우리나라의 주택개량제도는 1970년대부터 꾸준히 시행되고 있다. 1980년대까지는 주로 농어촌주택을 중심으로 한 주택개량지원을 하였다. 그 후 2000년대 초까지 도시지역으로 주택개량지원이 확대되었다. 2000년 초부터 2015년까지는 주택개량지원이 다각적으로 시행되었다. 즉 2002년에 집수리서비스, 2006년에 농어촌 장애인 주택개조지원사업, 2009년에 사회취약계층 주택 개보수사업이 시행되었다.

2015년 이후부터는 주거급여제도 실시로 유사한 주택개량제도가 개편되었다. 즉 농림축산식품부의 농특회계지원으로 실시되는 농어촌주택개량자금지원, 국토교통부 주택도시기금으로 보조되는 주거환경개선 주택자금지원, 산업통상자원부의 에특회계에서 지원되는 에너지바우처 등이 있다. 이외에도 환경부의 1급발암물질인 슬레이트 지붕개량 등이 있다.

표 5-10 ▌ 주택개량제도의 지원내용

사업명	부처	지원내용	비고
농어촌주택 개량자금지원 –농특회계 지원	농림 축산 식품부	신축, 대수선–세대당 2억 원 융자(무주택자 토지구입 7천만 원 추가 대출가능), 기존주택 철거, 실소요 건축비로 지원 증축, 리모델링–세대당 1억 원 융자 금리 2.0%(20년, 1년 거치 19년 분할상환 또는 3년 거치 7년 분할상환) 단독주택 건축 및 연면적합계 150㎡(약 45평) 이하 신축/개량주택 취득세, 5년 재산세 면제 100㎡ 이하	2016년 기준
주거환경개선 주택자금지원 –주택도시 기금	국토 교통부	주거환경개선사업지구 내 융자대상자 중 주택건축 및 개량하려는 자, 노후 불량주택소유자 중 불량주택개선자금융자대상자로 개축/증축/대수선하려는자 단독주택 85㎡ 이하, 다세대 4층 이하 660㎡ 이하(세대당 85㎡ 이하), 다가구 3층 이하(세대당 85㎡ 이하), 아파트/연립(임대주택 포함) 세대당 75㎡ 이하(분양), 85㎡ 이하(임대) 단독 6천만 원, 다가구 1천만 원, 다세대 호당 3천만 원(개량한도 ½) 아파트/연립은 분양 임대기준 따름 금리 2.7%(변동금리), 1년 거치 19년 상환(다가구 1년 일시상환)	2016년 기준
에너지바우처 (난방카드) –에특회계	산업 통상 자원부	에너지 취약계층에게 에너지바우처(이용권)를 지급하여 난방에너지(전기, 도시가스, 지역난방, 등유, 연탄, LPG) 구입 지원제도, 생계급여 또는 의료급여 수급자(중위소득 40% 이하), 노인 영유아, 장애인 포함 가구–동절기 가구당 총 10만 원 내외지급(1인 가구 81,000원, 2인 가구 102,000원, 3인가구 114,000원)	2015년 이후 (한국 에너지공단)

출처: 주거복지사 원격교육원(2017), 주거복지개론, p.163, ㈜이테시스.

참고문헌

공공주택특별법, 시행령.
관계부처합동(2017), 사회통합형 주거사다리 구축을 위한 주거복지 로드맵
국토교통부(2015), 2015 주택업무편람.
국토교통부(2018), 2017 주거복지로드맵.
국토교통부(2019), 2019 주택업무편람.
국토교통부(2020), 2020년도 주거급여사업 안내.
국토교통부(2020), 주거복지 로드맵 2.0 보도자료.
권오정 외 9인(2017), 주거복지총론, ㈜이테시스.
권오정 외 9인(2020), 2020 개정판 주거복지총론, ㈜이테시스.
주거복지사 원격교육원(2017), 주거복지개론, 서울: ㈜이테시스.
주택도시보증공사 홈페이지 www.khug.or.kr/index.jsp, 한눈에 보는 개인보증상품.
주택법, 시행령.
천현숙(2019), 서울시의 공공임대주택 정책 목표와 발전방향, 주택도시연구, 9(1), p.1-11.
한국주택금융공사 홈페이지 www.hf.go.kr, 주택금융공사 소개

류, 복사열이다. 온열감각은 연령, 성별, 의복상태, 작업량 등에 따라 다르다.

② 주거의 빛환경과 조명

태양빛은 겨울의 난방 효과뿐만 아니라 실내통풍, 건조, 살균 및 신체의 신진대사 촉진 등 주거생활에 필수적인 요소이므로 주거환경 계획에서 먼저 고려되어야 한다. 에너지를 소모하지 않고 자연채광을 통해 건강한 일상생활에 필요한 적절한 밝기를 확보하는 문제는 중요한 주거환경의 요소이다.

한편, 야간의 주거생활이나 부분적인 작업공간의 경우 쾌적하고 능률적인 생활을 위하여 인공조명을 사용하게 된다. 안정적이고 능률적인 작업을 위한 적당한 명시성과 실내 분위기를 위한 연출을 동시에 요구한다. 또한 기술적 발전으로 자동점멸기와 조도조절장치를 통한 효율적인 조명이용과 더불어 에너지 소비를 혁신적으로 줄일 수 있는 LED 조명이 적극적으로 활용되고 있다.

③ 그 외의 주거환경요소

에너지 사용과는 직접적인 연관성이 크지 않으나 공기환경과 음환경도 쾌적한 주거환경조성에 중요한 요소이다. 실내 공기정화를 위한 환기와 보온유지를 통한 열환경의 적절성은 서로 모순되는 요구이기도 하다. 그리고 실내오염물질 문제인 '새집증후군' 등의 문제가 심각하게 인식되어 실내공기환경에 대한 중요성이 강조되고 있다.

또한 급배수소음, 음향기기 및 생활기기 소음 등의 생활소음으로 인한 이웃간의 갈등이 심해지고 법적 분쟁이 생기기도 하므로 피해를 줄이기 위한 다각적인 노력이 요구되고 있다.

(2) 주거설비

쾌적한 주거환경의 조절을 위해서는 건축물의 설비계획을 잘 수립하여야 한다. 건축구조를 인간의 뼈대로 비유한다면, 설비는 핏줄과 신경으로 비유되면서 신진대사를 하는 역할을 한다.

① 급배수설비

상수도시설은 취수, 정수, 배수의 3단계로 구분되며, 배수설비는 옥내배수설비, 배수의 흐름을 원활하게 하는 통기설비, 배수처리설비로 나눌 수 있다. 모든 배수관 계통은 하수도로부터 역류하는 악취와 해충의 침입을 막기 위해 반드시 트랩을 설치해야 한다.

오수정화시설은 BOD 제거율 70% 이상, 방류수의 BOD 60ppm 이하의 중급처리시설로 오물과 잡배수를 합류 처리하는 시설이다.

② 전기 · 공조설비

전기설비는 전기를 이용하는 조명설비, 송풍기 · 동력기와 같이 동력 에너지를 이용하는 동력설비, 전화 · 인터폰 · 방송 등의 정보설비와 전원설비로 구분된다. 공조설비의 경우 공기조화장치, 송풍장치(송풍기, 덕트), 열원장치(보일러, 냉동기 등) 그리고 자동제어장치로 나누어진다.

③ 에너지설비

에너지설비는 난방부하설비와 냉방부하설비로 구분할 수 있다.

난방부하는 겨울철 실내의 온도 및 습도를 유지하기 위해서 실내로 공급해야 하는 열량의 총합으로 실내로부터 손실되는 열량을 말한다. 겨울철의 난방부하는 공조(또는 직접난방)장치 가운데 보일러, 공기가열기 등 설비기기 용량의 산정 및 연료 소비량의 추정에 사용되는 기초자료로 사용한다.

표 6-3 ▌ 난방부하의 종류

종류		내용
실내부하	온도차에 의한 전도열	유리를 통해 나가는 전도열 외기에 면한 벽체(지붕)를 통해 나가는 전도열 간벽, 바닥, 천장을 통해 나가는 전도열
	침입 외기	외창 새시, 문틈의 틈새바람
외기부하	도입 외기	환기를 위하여 도입하는 외기의 부하

냉방부하는 여름철 실내의 온도 및 습도를 유지하기 위해서 실내공기를 냉각 및 감습하기 위해서 필요한 열량으로 실내로부터 제거해야 하는 열량을 말한다.

표 6-4 ▌ 냉방부하의 종류

구분		내용
실내부하	태양복사열	유리를 통과하는 복사열 외기에서 면한 벽체(지붕)를 통과하는 복사열
	온도차에 의한 전도열	유리를 통과하는 전도열 외기에 면한 벽체(지붕)를 통과하는 전도열 간벽, 바닥, 천장을 통과하는 전도열
	실내에서 발생하는 열	조명에서의 발생열 인체에서의 발생열 실내 설비에서의 발생열(순간급탕기) 실내 설비에서의 발생열(전열기, 모터, 복사기)
	침입 외기	외창새시, 문틈에서의 틈새바람
	기타 (실내부하에 준하는 것)	급기덕트에서의 손실 송풍기의 동력열
외기부하	도입 외기	외기를 실내습도로 냉각, 감습시키는 열량

④ 가스설비

도시가스는 원료인 석탄, 코크스, 나프타, LPG, 천연가스를 제조·정제·혼합하여 소정의 발열량으로 조정한 것이다.

LP가스는 액화석유가스이며 LPG라고 한다. 발열량이 많고, 비중이 공기보다 크며, 연소 시 이론 공기량이 많다. 배관설계 및 기기사용 시 특별한 주의가 필요하다.

LN가스는 액화천연가스이며 LNG라고 한다. 메탄을 주성분으로 하며 공기보다 가벼우므로 누설 시 안전성이 높다. 현재 사용 연료 중 발열량이 높고 무공해성으로 우수하여 친환경 측면에서 관심이 높아지고 있으나, 대규모 저장시설을 갖추어 배관을 통해서 공급해야만 하는 단점이 있다.

2) 친환경주택

친환경주택은 일반적으로 자연환경과 조화되며 자원과 에너지를 생태학적 관점에서 최대한 효율적으로 이용함으로써 건강한 주생활과 업무가 가능하도록 계획된 주택을 의미한다. 생태주택, 환경공생주택, 지속가능한 주택, 녹색주택, 그린홈 등으로 다양하게 불리며, 넓은 범위로는 패시브하우스나 제로에너지주택 등의 개념을 포괄한다.

친환경주택은 다양한 명칭만큼이나 개념의 차이는 있지만 대체로 친환경주택의 목표는 인간을 둘러싸고 있는 자연의 조건을 최대한 인간생활에 적절하게 이용하여 인위적 에너지 소비를 최소화하는 동시에 인간의 삶에 건강과 편의를 증진하고자 하는 것이다.

표 6-5 ▌ 친환경주택 구성기술 요소

1. 저에너지 건물 조성기술: 고단열·고기능 외피구조, 기밀설계, 일조확보, 친환경자재 사용 등을 통해 건물의 에너지 및 환경부하를 절감하는 기술 2. 고효율 설비기술: 고효율열원설비, 최적 제어설비, 고효율환기설비 등을 이용하여 건물에서 사용하는 에너지량을 절감하는 기술 3. 신·재생에너지 이용기술: 태양열, 태양광, 지열, 풍력, 바이오매스 등의 신·재생에너지를 이용하여 건물에서 필요한 에너지를 생산·이용하는 기술 4. 외부환경 조성기술: 자연지반의 보존, 생태면적률의 확보, 미기후의 활용, 빗물의 순환 등 건물 외부의 생태적 순환기능의 확보를 통해 건물의 에너지부하를 절감하는 기술 5. 에너지절감 정보기술: 건물에너지 정보화 기술, LED 조명, 자동제어장치 및 지능형전력망 연계기술 등을 이용하여 건물의 에너지를 절감하는 기술

출처: 에너지절약형 친환경주택의 건설기준 제4조.

(1) 그린홈[4)]

그린홈이란 태양광, 태양열, 지열 등 신재생 에너지를 도입하고 고효율 조명 및 보일러, 친환경 단열재를 사용함으로써 화석연료 사용을 최대한 억제하고, 온실가스 및 공기오염물질의 배출을 최소화하는 저에너지 친환경주택을 말한다. 즉 에너지소비를 줄임과 동시에 탄소가 배출되지 않는 청정에너지를 이용하는 친환경 주택으로 지구환경에 미치는 부정적인 영향을 최소화하면서 거주자에게 쾌적하고 편리한 거주공간을 조성해 줄 수 있는 주택이다.

이산화탄소 배출 저감방안은 크게 두 가지로 건물에서 사용하는 에너지 소비량을 줄임으로써 단위당 발생하는 이산화탄소의 발생량을 줄이는 것과, 어쩔 수 없이 사용할 수밖에 없는 화석에너지를 대체하는 신재생에너지를 적용하는 것이다.

태양광, 태양열, 지열, 소형풍력, 연료전지 등의 신·재생에너지원을 주택에 설치할 때 설치비의 일부를 정부가 보조·지원하는 주택지원사업은 신에너지 및 재생에너지 개발·이용·보급 촉진법 제27조(보급사업), 신·재생에너지 설비의 지원 등에 관한 규정의 법적 근거를 가진다.

---

4) 그린홈 홈페이지, http://greenhome.kemco.or.kr

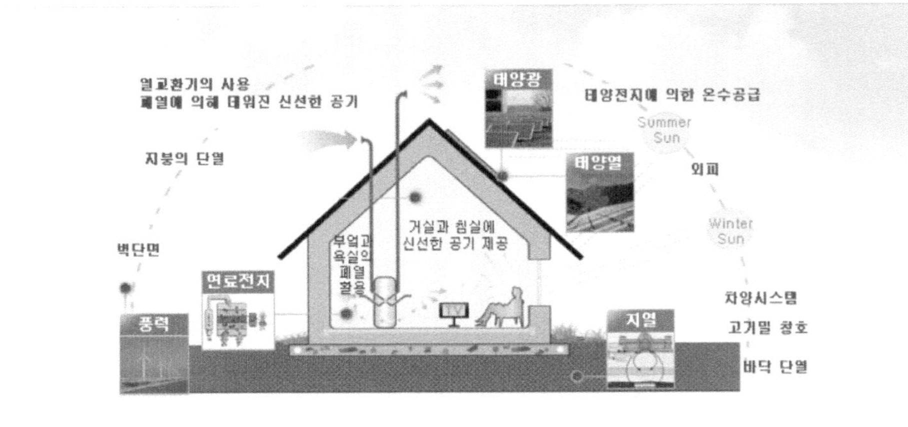

그림 6-6 ▌ 그린홈의 개념도

(2) 패시브하우스5)

한국패시브건축협회(PHIKO)의 정의에 따르면, 패시브하우스란 자연열을 난방의 주된 수단으로 활용하여 적절한 실내온도를 유지하고, 생활에 필요한 최소한의 신선한 공기를 알맞은 온도로 공급함으로써 재실자가 열적, 공기질적으로 만족할 수 있는 건물을 의미한다.

패시브하우스의 궁극적 목적은 액티브 기계적 시스템 및 화석연료를 이용한 에너지 소비를 억제하면서도 재실자의 쾌적을 유지하며, 실질적 의미에서 난방을 위한 설비 없이 겨울을 지낼 수 있는 것이다.

최초의 패시브하우스는 1988년 계획되고 1991년에 독일에 지어진 주택이며, 이후 경제성 효과가 인정되면서 북유럽을 중심으로 증가세가 이어지고 있다. 국내에서는 2000년대 후반에 이르러 본격적인 패시브하우스가 지어지기 시작하였다. 현재 한국패시브건축협회를 통해 고단열, 고기밀, 고성능 창호,

---

5) 패스브하우스 홈페이지, www.phiko.kr

열교 없는 디테일, 열교환 환기장치, 외부가변형 차양 등의 적용요소 기준과 에너지 조건 및 재료 조건 기준에 따른 패시브하우스 인증을 하고 있다. 패시브하우스는 냉난방 비용 절감과 이산화탄소 배출량 감소의 장점 외에도 단열을 통한 방음효과의 개선과 유가변동에 따른 연료비의 종속성 저하의 장점이 있다. 그러나 초기 공사비 및 공사기간의 증가와 품질확보를 위한 전문인력 요구 등의 문제점이 있다.

(3) 제로에너지주택

에너지 자립주택으로도 불리는 제로에너지주택은 건축물 내부의 에너지 유출을 차단하는 동시에 신재생에너지 등을 이용하여 건축물에 필요한 에너지를 생산, 사용함으로써 외부로부터 에너지 공급을 받지 않는 에너지 자립형 건축물이다. 그린홈의 개념과 유사하지만, 에너지 자립이라는 수치화된 목적을 두고 가능한 건축기술을 적용하는 개념이라는 점에서 차이를 보인다.

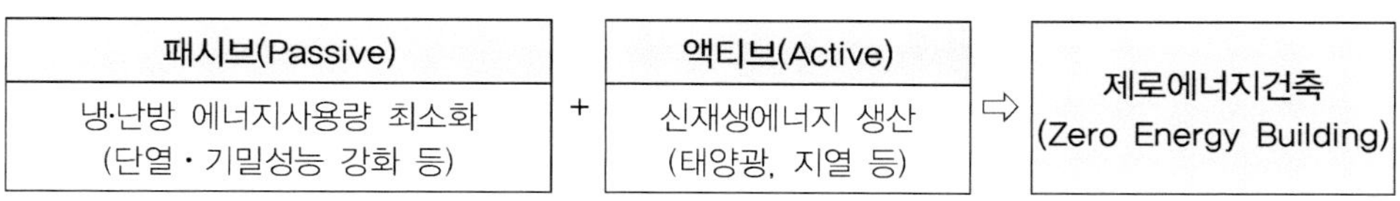

그림 6-7 ▌ 제로에너지건축물의 개념

영국을 중심으로 한 서구에서는 2000년대 중반 이후 제로에너지하우스가 꾸준히 시도되고 있으며, 더 확장된 개념으로서 제로에너지타운(에너지 자급도시) 또한 유럽을 중심으로 확산하고 있다. 우리나라에서도 2025년까지 제로에너지주택 의무화 방안을 추진 중이며, 에너지효율등급 1++이상을 충족하고 건물에너지 모니터링 시스템(BEMS 등)을 설치한 건축물 중 에너지자립률에 따라 5개 등급으로 구분하는 인증제도를 시행하고 있다.

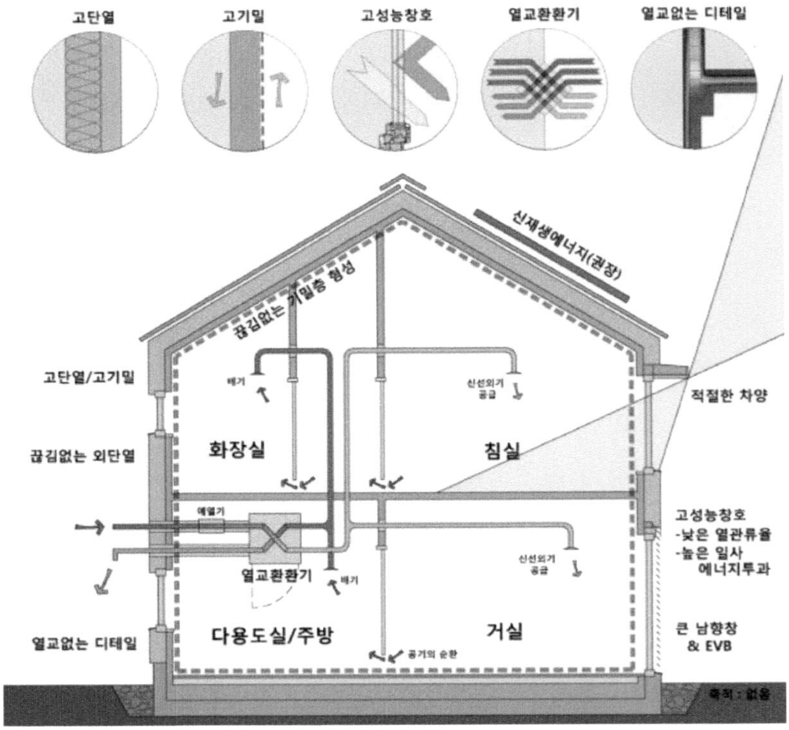

그림 6-8 ▌ 패시브하우스의 개념도

표 6-6 ▌ 에너지자립률에 따른 등급 구분

에너지효율등급	에너지자립률[6]	제로에너지등급
1++등급* 이상 (최고1+++~최저7등급) *최저 7등급 대비 80% 절감	100% 이상인 건축물	1등급
	80 이상 ~ 100% 미만인 건축물	2등급
	60 이상 ~ 80% 미만인 건축물	3등급
	40 이상 ~ 60% 미만인 건축물	4등급
	20 이상 ~ 40% 미만인 건축물	5등급

출처: 건축물 에너지효율등급 인증 및 제로에너지건축물 인증 기준(국토교통부 고시 제2020-574호) 별표 2의 2.

6) (에너지자립률): 1차에너지 생산량 / 1차에너지 소비량

우리나라 최초 고층형 제로에너지 공동주택(36층)은 공동주택 최초로 제로에너지 5등급을 취득하였다. 이곳은 고단열·고기밀 패시브 공법과 고효율기기[7], 신재생에너지 설비 등 액티브공법 및 에너지 최적제어를 위한 건물에너지관리시스템(BEMS, Building Energy Management System) 등 첨단 공법이 적용되었다. 특히 단지 내 설치된 태양광·연료전지 등에서 생산된 신재생에너지가 공용부에 사용되는 에너지를 대부분 충당할 수 있도록 설계되어 기존 대비 전기에너지의 약 50%, 난방에너지의 약 40% 이상 절감을 예상하고 있다.[8]

3) 주거에너지 관련 제도

건축물의 에너지 소비에 관련된 종래의 다양한 법령과 규칙들은 2012년 단독 법률로 제정된 〈녹색건축물 조성 지원법〉으로 통합되었다. 법안의 주요 내용은 에너지소비총량제와 에너지절약계획서 제출, 에너지효율등급·녹색건축 인증 등이 규정된 신축단계에서의 관리와 에너지 통합관리시스템 구축, 목표관리제, 건축물 에너지소비증명제, 평가 전문 인력 양성과 같은 유지관리단계 관리 등이다. 또 녹색건축물 지원·특례와 금융지원, 녹색건축센터 지정 등 육성지원 방안과 공공기관 시범사업 추진, 기존 주택의 녹색건축물 전환 사업 등도 포함되어 있다.

특히, 연면적 500㎡ 이상의 건축물에 에너지절약계획서 제출이 의무화되었고, 전체 세대수가 500세대 이상인 주택단지 내의 공동주택의 경우 매입자 또는 임차인이 건축물의 에너지 정보를 확인할 수 있도록 해당 건축물의 에.너지효율등급 등이 표시된 건축물 에너지 평가서를 공개하도록 하고 있다. 이외에도 녹색건축 인증제, 건축물의 에너지효율등급 인증제, 그린리모델링에 대한

---

7) LED 적용 조명밀도 최적설계, 외기냉방겸용 폐열회수 환기시스템 등
8) 국토교통부 보도자료, 2019년 7월2일자.

지원 및 건축물에너지평가사 제도운영 등 건축물과 에너지에 관련된 전반적인 내용을 담고 있다.

(1) 녹색건축 인증제(G-SEED)

녹색건축 인증제도란 설계와 시공 유지, 관리 등 전 과정에 걸쳐 에너지 절약 및 환경오염 저감에 이바지한 건축물에 대한 친환경건축물 인증을 부여하는 제도이다. 또한 지속가능한 개발의 실현을 목표로 인간과 자연이 서로 친화하며 공생할 수 있도록 계획된 건축물의 입지, 자재선정 및 시공, 유지관리, 폐기 등 건축의 전 생애를 대상으로 환경에 영향을 미치는 요소에 대한 평가를 통하여 건축물의 환경성능을 인증하는 제도를 말한다.

우리나라에서는 2000년 〈친환경건축물 인증제도〉가 처음 시행된 이래 여러 차례의 개정, 통합 등 제도 정비의 과정을 거쳐, 2013년 〈녹색건축물 조성 지원법〉에 의거 녹색건축 인증제가 정립되었다. 국토교통부와 환경부가 공동으로 관리하고 있으며 지속가능한 개발의 실현과 자원절약형이고 자연친화적인 건축물의 건축을 유도하기 위하여 시행되었다.

인증제의 영문 명칭은 미국의 LEED, 영국의 BREEAM 등과 같이 쉽게 불리고 기억될 수 있게 마련되었으며, 'G-SEED'는 Green Standard for Energy and Environmental Design의 약자로 '에너지 및 환경적 설계를 고려한 녹색건축 인증기준'을 의미한다.

표 6-7 ▍ 신축 주거용 건축물 인증기준

전문분야		인증 항목	배점	일반주택	공동주택
1. 토지 이용 및 교통	1.1	기존 대지의 생태학적 가치	2	●	●
	1.2	과도한 지하개발 지양	3	●	●
	1.3	토공사 절성토량 최소화	2	●	●
	1.4	일조권 간섭방지 대책의 타당성	2	●	●
	1.5	단지 내 보행자 전용도로 조성과 외부보행자 전용도로와의 연결	2		●
	1.6	대중교통의 근접성	2	●	●
	1.7	자전거 주차장 및 자전거도로의 적합성	2	●	●
	1.8	생활편의시설의 접근성	1	●	●
2. 에너지 및 환경 오염	2.1	에너지 성능	12	●	●
	2.2	에너지 모니터링 및 관리지원 장치	2	●	●
	2.3	신·재생에너지 이용	3	●	●
	2.4	저탄소 에너지원 기술의 적용	1		●
	2.5	오존층 보호를 위한 특정물질의 사용 금지	2	●	●
3. 재료 및 자원	3.1	환경성 선언 제품(EPD)의 사용	4	●	●
	3.2	저탄소 자재의 사용	2	●	●
	3.3	자원순환 자재의 사용	2	●	●
	3.4	유해물질 저감 자재의 사용	2	●	●
	3.5	녹색건축자재의 적용 비율	4	●	●
	3.6	재활용가능자원의 보관시설 설치	1	●	●
4. 물순환 관리	4.1	빗물관리	5	●	●
	4.2	빗물 및 유출지하수 이용	4	●	●
	4.3	절수형 기기 사용	3	●	●
	4.4	물 사용량 모니터링	2	●	●
5. 유지 관리	5.1	건설현장의 환경관리 계획	2	●	●
	5.2	운영·유지관리 문서 및 매뉴얼 제공	2	●	●
	5.3	사용자 매뉴얼 제공	2	●	●
	5.4	녹색건축인증 관련 정보제공	3	●	●
6. 생태 환경	6.1	연계된 녹지축 조성	2		●
	6.2	자연지반 녹지율	4	●	●
	6.3	생태면적률	10	●	●
	6.4	비오톱 조성	4		●

출처: 국토부 고시 제2019-764호

(2) 건축물의 에너지효율등급 인증

〈녹색건축물 조성 지원법〉에 규정된 '건축물 에너지 효율등급 인증'은 에너지 성능이 높은 건축물을 확대하고, 건축물의 효과적인 에너지관리를 위하여 시행되고 있다. 국토교통부장관이 위임한 운영기관과 인증기관은 냉방, 난방, 급탕, 조명 및 환기 등에 대한 1차 에너지 소요량을 기준으로 건축물의 에너지 효율등급을 평가하며, 인증 등급은 1++등급부터 7등급까지의 10개 등급으로 부여된다. 2015년부터 일정 규모 이상의 건축물을 건축 또는 리모델링하려는 건축주는 해당 건축물의 에너지효율등급 인증을 받아 그 결과를 표시하고, 건축물의 사용승인을 신청할 때 관련 서류를 첨부하는 것이 의무화되고 있다.

표 6-8 ▌ 건축물 에너지효율등급 인증 등급

등급	주거용 건축물	주거용 이외의 건축물
	연간 단위면적당 1차에너지소요량 (kWh/㎡ · 년)	연간 단위면적당 1차에너지소요량 (kWh/㎡ · 년)
1+++	60 미만	80 미만
1++	60 이상 90 미만	80 이상 140 미만
1+	90 이상 120 미만	140 이상 200 미만
1	120 이상 150 미만	200 이상 260 미만
2	150 이상 190 미만	260 이상 320 미만
3	190 이상 230 미만	320 이상 380 미만
4	230 이상 270 미만	380 이상 450 미만
5	270 이상 320 미만	450 이상 520 미만
6	320 이상 370 미만	520 이상 610 미만
7	370 이상 420 미만	610 이상 700 미만

※ 주거용 건축물: 단독주택 및 공동주택(기숙사 제외)
※ 비주거용 건축물: 주거용 건축물을 제외한 건축물
※ 등외 등급을 받은 건축물의 인증은 등외로 표기한다.
※ 등급산정의 기준이 되는 1차에너지소요량은 용도 등에 따른 보정계수를 반영한 결과이다.

출처: 건축물 에너지효율등급 인증 및 제로에너지건축물 인증 기준(국토교통부 고시 제2020-574호), 별표2

(3) 탄소포인트제

탄소포인트제란 가정, 상업 등의 전기, 상수도, 도시가스 및 지역난방 등의 사용량 절감에 따른 온실가스 감축률에 따라 포인트를 부여하고 이에 상응하는 인센티브를 제공하는 전 국민 온실가스 감축 실천프로그램을 말한다. 2014년 4월 시행되었으며, 〈대기환경보전법〉 제9조 제2항 제4호의 기후변화 관련 대국민 인식확산 및 실천지원에 관한 사업 중 탄소포인트제의 운영방법 및 절차 그리고 그린카드와 탄소포인트제의 연계방안 등을 정하는 것을 목적으로 한다.[9]

2019년 현재 탄소포인트제에 참여하고 있는 가구 중 개별로 신청한 가구는 1,847,785가구이며, 단지별 참여가구는 5,810가구이다.[10]

가정의 세대주 또는 세대 구성원의 거주시설에 전기 등의 사용량을 확인할 수 있도록 고유번호가 있는 계량기가 부착되어 있어야 하며, 인터넷, 관공서, 주민센터 등에서 신청서를 작성하면 참여시점부터 과거 2년 또는 1년간 월별 사용량과 현재 사용량을 비교한다.

탄소포인트는 개별 항목별(전기, 상수도, 도시가스 등)로 반기별 1회 산정하되, 온실가스 감축률에 따라 해당 포인트를 부여한다.

9) 탄소포인트제 운영에 관한 규정 제1조(목적), 제2조(정의)
10) 탄소포인트제 홈페이지, https://cpoint.or.kr

표 6-9 ▌ 탄소포인트제 참여 현황

개별		단지	
참여자 유형	가구 수	참여자 유형	가구 수
계	1,847,785	계	5,810
단독	679,525	아파트	5,170
아파트	1,152,387	학교	530
상업시설	11,511	일반건물	110
공공 및 학교	4,362		

출처: 탄소포인트제 홈페이지(2019).

표 6-10 ▌ 온실가스 감축률에 따른 부여 포인트

항목 구분	부여 포인트
전기	• 5% 이상 10% 미만: 반기 5,000포인트 • 10% 이상: 반기 10,000포인트
상수도	• 5% 이상 10% 미만: 반기 750포인트 • 10% 이상: 반기 1,500포인트
도시가스	• 5% 이상 10% 미만: 반기 3,000포인트 • 10% 이상: 반기 6,000포인트

출처: 탄소포인트제 운영에 관한 규정(2019).

참고문헌

국토교통부 고시 제2019-764호, 신축 주거용 건축물 인증기준.

국토교통부 고시 제2020-574호, 건축물 에너지효율등급 인증 및 제로에너지건축물 인증기준.

국토교통부 보도자료, 고층형 제로에너지 공동주택, 2019.7.2.

국토교통부 보도자료, 제로에너지건축물의 개념.

권오정 외 9인(2016), 주거복지총론, ㈜이테시스.

권오정 외 9인(2020), 2020 개정판 주거복지총론, ㈜이테시스.

그린홈 홈페이지, http://greenhome.kemco.or.kr

김기홍(1990), 공동주택의 평면개조 실태에 관한 연구, 중앙대학교 석사학위논문.

안옥희 외(2002), 주거인간공학, 기문당.

에너지절약형 친환경주택의 건설기준 제4조.

정무웅 외(2004) 역, 건축디자인과 인간행태심리, 기문당.

탄소포인터제 운영에 관한 규정(2019).

탄소포인트제 홈페이지, https://cpoint.or.kr

패스브하우스 홈페이지, www.phiko.kr

한국에너지관리공단 신·재생에너지센터 홈페이지, 그린홈의 개념도.

Manning, P. (1987), Environmental Evaluation, Building and Environment, 22(3), 201-208.

CHAPTER

07 주거서비스

1. 고령자를 위한 주거서비스
2. 장애인을 위한 주거서비스
3. 농어촌가구를 위한 주거서비스
4. 청년과 신혼부부를 위한 주거서비스
5. 비주택거주자를 위한 주거서비스
6. 특수환경의 거주자를 위한 주거서비스

1. 고령자를 위한 주거서비스

1) 고령자와 고령자주거의 특성

(1) 노인의 특성

노인의 사전적 의미는 나이가 들어 늙은 사람으로, 우리나라에서는 만 65세 이상이 노인의 기준이다. 〈노인장기요양보험법〉, 〈도로교통법〉, 〈기초노령연금법〉, 〈노인복지법〉, 〈한국농어촌공사 및 농지관리기금법〉, 〈국민연금과 직역연금의 연계에 관한 법률〉 등에서 65세 이상을 노인으로 규정하고 있다. 반면, 〈고령자 고용촉진법〉에서는 55세 이상을 고령인으로 보고 있으며, 실제로 많은 기업에서 50세 전후에 고령이라는 명분으로 퇴직이 이루어지고 있다. UN을 비롯한 많은 나라에서 65세를 노인으로 정하고 있다.[1)]

UN은 나이를 기준으로 인구 구분을 하여 65세 이상이 전체인구의 7%가 되면 고령화사회(aging society), 14%를 초과하면 고령사회(aged society), 20%를 넘으면 초고령사회(super aged society)라고 정의하고 있다. 우리나라는 2000년에 고령화사회로 진입하였으며, 2017년에 고령사회가 되었다. 그리고 통계청에서는 우리나라는 2026년에 초고령화사회가 될 것으로 예상한다.

한편, 고령화사회에서 고령사회로 진입하는 기간을 보면 프랑스는 115년, 미국은 71년, 일본은 24년이 소요된 것에 비해 우리나라는 19년으로 최단기간에 고령사회로 진입하였다. 따라서 앞으로 노인에 관련한 문제들이 급증할 것인데, 이에 대해 대비할 시간이 적어 고령화에 따른 사회적, 경제적 문제가 클 것으로 예상된다.

그런데 실제 나이는 65세 이상이지만 50대의 생물학적 건강을 유지하고 왕성한 사회적 활동을 하기도 하며, 그 반대의 경우도 있다. 즉 현재 사용하고 있

1) 김관준 외(2017), 고령화:과학에서 해답을 찾다, p.2, 이슈페이퍼 2017-05.

는 노인의 나이 기준은 법률상, 행정상의 편의를 위한 방식이다. 물리적인 나이 외에 생물학적 연령, 심리적 연령, 사회적 연령, 개인의 지각 능력에 따른 연령 등도 함께 고려되어야 진정한 의미의 노인을 정의할 수 있으며 개인의 특성에 대응하는 적절한 수준의 노인 정책 및 복지를 실현할 수 있다.

표 7-1 ▌ 고령자의 특성

생리적 특성	심리적 특성	사회적 특성
• 동작능력의 저하 • 골격기능의 저하 • 시각기능의 저하 • 청각기능의 저하 • 촉감의 둔화 • 소화기, 호흡기, 순환기 기능의 저하	• 고독감, 체념을 잘함 • 불평, 의심이 많고 융통성 결여됨 • 감상적, 의존적임 • 불안, 공포감 큼 • 과거집착 • 새로운 학습 어려움 • 말하기 좋아함 • 배우자, 친지, 친구와의 사별에 의한 스트레스 • 우울증 우려	• 경제능력 약화 • 시간적 여유 많으나 사회관계망은 좁음 • 집단활동의 자율적, 민주적 훈련 부족

출처: 안옥희 외(2002), 개정 주거인간공학, p.205, 기문당.

현재 우리나라의 다수의 노인은 생리적, 심리적, 사회적 변화뿐만 아니라 경제적으로 매우 빈곤한 경우가 많다. 따라서 노인은 경제적 문제와 직결되는 주거문제 자력으로 해결하기 어려워 주거취약계층에 포함될 가능성이 매우 큰 집단이므로 주거복지 정책 및 제도를 통한 적극적인 지원이 필요하다.

(2) 고령가구의 주거실태

우리나라 노인가구의 빈곤율은 OECD 국가 중에서 높은 수준이며 특히 다른 유형의 노인가구보다 노인1인가구와 노인부부가구의 소득빈곤 수준이 매우 높다. 고령가구란 가구주의 연령이 만 65세 이상인 가구이다.

2019년 주거실태조사[2])에 따르면, 노인가구는 대부분 2인가구(47.9%)와 1인

가구(37.6%)이다. 노인가구의 자가점유율(76.9%)과 자가보유율(78.8%)은 일반가구(58.0%, 61.2%)보다 높으며, 2017년 이후 매년 증가하는 추세이다. 전월세 가구 비중(18.1%)은 일반가구(38.1%)에 비해 낮다. 노인가구는 단독주택(50.5%) 거주가 아파트(36.7%) 거주보다 높으며, 수도권 노인가구는 아파트(48.0%) 거주가 많고 수도권 외 지역은 단독주택(62.6%) 거주가 많다.

고령가구는 일반가구보다 소득 대비 주거비부담이 높다. 즉 일반가구의 PIR은 5.4배, 고령가구는 8.4배이며, RIR은 일반가구 16.1%, 고령가구 29.6%이다. 다만, 대부분 자가에 거주(76.9%)하고 있어 임대료 및 대출금 상환이 부담된다는 비중(45.7%)은 일반가구(65.0%)에 비해 낮다.

현재주택 평균 거주기간은 15.5년으로 일반가구(7.7년)보다 약 2배 높은 수준이다. 또한 노인가구는 건축년한 30년 초과 주택에 거주하는 비율이 35.1%로 높으며, 특히 수도권 외 지역에서 45.3%로 매우 높다. 그러나 최저주거미달가구의 비중(3.9%)은 일반가구(5.3%)에 비해 낮다.

표 7-2 ▌ 고령가구와 일반가구의 주거실태 비교

구분	주거비		주거수준		정책수요	
	임차 RIR	자가 PIR	30년 초과 주택거주 비중	최저주거 미달가구	1위	2위
고령	29.6%	8.4배	35.1%	3.9%	개량·개보수(26.5%)	구입자금(18.2%)
일반	16.1%	5.4배	16.8%	5.3%	구입자금(31.2%)	전세대출(23.5%)

출처: 국토교통부(2020), 2019 주거실태조사 보도자료 p.12, 표 재구성

고령가구에게 가장 필요로 하는 정책지원은 '주택 개량·개보수 관련 현물 및 자금 대출지원(26.5%)'이며, '주택구입자금 대출지원(18.2%)'도 높게 나타났다. 가장 필요로 하는 시설은 '미끄럼방지 바닥재(33.4%)', '응급 비상벨(27.0%)', '화

2) 국토교통부(2020), 2019년도 주거실태조사 특성가구 연구보고서, 2020.3.

장실 · 욕실 지지대 손잡이(26.7%)' 순으로 나타났다.

(3) 고령사회와 노인복지

우리나라에서는 고령사회의 문제를 주로 저출산과 결합해 저출산 · 고령화로 인한 인구감소와 인구구조변동의 관점에서 다루고 있다. 즉 고령사회는 생산가능인구 감소로 인한 노동 공급의 하락, 노년 부양부담의 급증, 고령층의 소

표 7-3 ▌ UN의 노인복지의 원칙

구분	주요내용
독립의 원칙	• 가족과 지역사회의 지원 및 자조를 통하여 의식주와 의료에 접근할 수 있어야 하며, 일할 기회나 소득을 얻을 기회를 받아야 함 • 자신의 퇴직 시기의 결정에 의견을 제시할 수 있으며, 적절한 교육과 훈련 프로그램에 참여할 수 있어야 함 • 자신의 욕구에 맞추어 안전하고 편리하게 적응할 수 있는 환경에서 살 수 있어야 하며, 가능한 오랫동안 가정에서 살 수 있어야 함
참여의 원칙	• 사회에 통합되어야 하며, 그들의 복지에 직접 영향을 미치는 정책의 형성과 이행에 적극적으로 참여할 수 있고, 자신의 지식과 기술을 젊은 세대와 함께 공유할 기회가 제공되어야 함 • 지역사회 봉사를 위한 기회를 찾고 개발하여야 하며, 흥미와 능력에 맞는 자원봉사자로서 봉사할 수 있어야 함 • 인권과 권익을 위해 사회운동과 단체를 형성할 수 있어야 함
보호의 원칙	• 각 사회의 문화적 가치체계에 따라 가족과 지역사회의 보살핌과 보호를 받아야 하며, 신체적, 정신적, 정서적 안녕의 최적수준을 유지하거나 되찾도록 도와주고, 질병을 예방하거나 지연시키는 건강보호에 접근할 수 있어야 함 • 사회적 · 법률적 서비스에 접근할 수 있어야 하며, 인간적이고 안전한 환경에서 보호, 재활, 사회적 · 정서적 격려를 제공하는 적정 수준의 시설보호를 이용할 수 있어야 함 • 보호시설이나 치료시설에서 거주할 때 인권을 존중받으며, 자신들의 건강보호와 삶의 질을 결정하는 권리도 존중받는 것을 포함하는 인간의 권리와 기본적인 자유를 누릴 수 있어야 함
자아실현의 원칙	• 자신들의 잠재력을 완전히 개발하기 위한 기회를 추구하여야 하며 사회의 교육적 · 문화적 · 정서적 자원과 여기에 관한 자원에 접근할 수 있어야 함
존엄의 원칙	• 존엄과 안전 속에서 살 수 있어야 하며, 착취와 육체적 · 정신적 학대에서 벗어나야 함 • 나이, 성별, 인종이나 민족적인 배경, 장애나 기타 지위에 상관없이 공정하게 대우받아야 함, 그들의 경제적 기여와 관계없이 평가되어야 함

자료: 한국임상사회사업학회(2017), 노인복지론, pp.24-25, 양서원.

비지출 형태 변화와 같은 부정적 경제효과와 노인을 위한 연금, 헬스케어, 사회보장 프로그램에 대한 정부 지출 확대 등, 재정적, 거시경제적 안전성에 심각한 문제를 일으킨다.

국제사회에서는 오래전부터 고령사회를 대비하여 복지 측면과 아울러 자아실현, 존엄성, 행복 보장 같은 개념이 포함된 국제적 협력을 추진 중이다. 즉 1991년 UN 총회에서는 '노인을 위한 유엔 원칙'을 채택하여 노인의 독립, 참여, 보호, 자아실현, 존엄성과 관련된 권리를 명시하였다.

우리나라의 고령자와 관련된 논의는 직업과 소득보장, 건강과 질병극복, 고령자 지원환경 구축의 세 가지 범주로 구분할 수 있다. 즉 첫째, 어떻게 더 오래 활력있는 사회 구성원으로 빈곤에 시달리지 않도록 노동시장 참여를 지원할 것인가, 둘째, 노년에 발생하는 질병에서 벗어나 건강한 삶을 누리도록 지원할 것인가, 셋째, 고령인에 대한 사회적 차별 없이 지원하는 환경을 구축할 것인가를 고려하여야 한다.

표 7-4 ▌ 저출산·고령사회 기본계획의 고령사회 대책

구분	주요내용
노후 소득 보장 강화	공적연금 강화, 주택·농지연금 대폭 확산, 퇴직·개인연금 활성화, 노후 준비 여건 확충
활기차고 안전한 노후 실현	고령자 건강생활 보장, 고령자 사회참여 기회 확대 세대간 이행 증진, 고령자 친화적 주거환경 조성, 고령자 안전 및 권익 보장
중·고령자 활용확대	중·고령자 근로기반 확대
고령친화경제로의 도약	고령친화산업의 신성장동력 육성, 인구다운사이징 대비 강화, 재정적 지속가능성 제고

출처: 김광준 외(2017), 고령화: 과학에서 해답을 찾다, p.29, 이슈페이퍼 2017-05.

표 7-5 ▌ 고령친화산업 육성 활성화 대책

구분	목표	주요내용
주거	소득수준·가구형태 별로 다양한 주거서비스 제공	고령자 친화주택 공급확대 민간 노인복지주택 활성화
용품	고품질의 고령친화용품 제품·서비스 개발 촉진	고품질의 다양한 고령친화제품 개발 촉진을 위한 인프라 보강
재가(在家)	장기요양 수급자의 수요에 맞는 재가서비스 제공 및 활성화	관련 규제의 합리적 수준 완화 및 수요자 인센티브 부여
재활로봇	재활로봇 산업육성을 위한 공공부문의 선도적 역할	시장창출·확대 기술개발 활성화 명확한 분류체계와 표준 마련 홍보 및 해외 진출 확대

출처: 김광준 외(2017), 고령화: 과학에서 해답을 찾다, p.35, 이슈페이퍼 2017-05.

2) 고령자를 위한 주거서비스

노년기에 주거선택에 영향을 미치는 요인 가운데 사회적 관계, 익숙한 환경 등의 요인이 쾌적한 환경보다 더 많은 영향을 미치기 때문에 노인은 자신이 거주하던 곳이나 그 근처에서 지속해서 거주하기를 희망한다. 따라서 지속거주(aging in place)가 나이, 소득, 능력에 상관없이 자신의 가정과 지역사회에서 안전하고 독립적으로 그리고 편안하게 살도록 하자는 개념으로 세계적으로 노인을 위한 주거계획의 지향점이 되고 있다.

지속거주를 위한 제도로서 지역사회보호(재가복지)는 탈시설화와 지역사회로의 통합이라는 기본적인 이념에 기초하여 인간의 존엄성과 자치성을 최대화하고자 하는 것으로 지역사회 내에 사는 노인과 장애인, 부양자에게 필요한 서비스를 직접 가정에 제공하거나 지역사회의 시설을 이용하면서 자신의 잔존능력을 최대한 연장하여 가능한 한 오랫동안 독립된 생활을 유지하도록 지원하는 제도이다.

노인재가복지 대상은 심신이 허약하거나 장애가 있는 65세 이상의 자를 대상으로 한다. 재가노인에게 제공되는 서비스는 방문서비스와 시설서비스로 분류할 수 있으며, 방문서비스는 가정봉사원 파견, 방문간호, 시설서비스는 시설에서 노인에게 단기보호, 입욕 서비스, 상담, 홍보, 건강관리, 급식 등을 제공하는 것이다. 노인주거복지는 시설중심의 보호보다는 지역사회 보호를 하는 것이 바람직하다.

노인의 신체적 자립도는 자립노인, 반자립노인, 반의존 노인, 완전의존노인으로 분류할 수 있으며, 노인을 위한 주거환경은 건강한 노인을 위한 주거유형에서부터 완전의존노인을 위한 주거유형에 이르기까지 매우 다양하다.

노인주거를 노인의 자립 정도에 따라 자립형주택(independent living), 생활지원주택(assisted living), 유료요양원(nursing home), 이들 유형을 한 단지에 통합하여 서비스를 제공하는 연속보호형 은퇴주거단지(CCRC; continuing care retirement community)로 분류할 수 있다.

자립형주택은 자립적으로 생활을 할 수 있는 활동적인 노인을 대상으로 하는 주거유형으로 의료서비스, 일상생활 서비스, 식사 등이 제공되지 않으며, 타 연령층과 분리되어 노인만이 거주하는 시설이다. 전문적인 직원이 배치되지 않아 긴급한 사태에 대처할 수 없다는 문제점이 있으나 유지관리비가 적게 든다는 장점이 있다.

생활지원주택은 원칙적으로는 반의존, 반자립 노인을 위한 주거유형이지만 일상생활능력이 약화한 노인들로 거주한다. 관리인에 의해 일정 서비스가 제공되며 주택 이외의 가사지원이나 식사서비스, 여가활동, 문화활동, 종교활동, 운동, 24시간 안전감시 서비스, 건강상태 점검, 교통편의 등이 제공되는 체제로 거주지원 서비스를 갖춘 노인주택이다. 반드시 간호사나 사회복지사와 같은 전문 인력이 상주하며 긴급사태에 대응하도록 한다. 그러나 요양시설과 같이 개인적인 간호 및 의료서비스까지는 제공되지 않는다.

유료요양원은 의존노인을 위한 주거유형으로 독립적인 생활이 불가능하여 일상 생활보조가 필요하고, 24시간 의료서비스와 보호감시를 필요로 하는 노인을 대상으로 한다. 간호사가 24시간 상주하며 서비스를 제공한다.

연속보호형 은퇴주거단지는 앞서 언급된 노인 주거유형을 통합하여 한 단지 내에서 서비스를 제공하는 형태로 노인의 건강상태에 따라 주거를 이동해야 하는 불편함이 감소되고 건강수준에 따른 적절한 수준의 주거를 선택하여 임종까지 지속적으로 거주할 수 있도록 함으로 주거안정성을 보장받을 수 있다. 우리나라에서는 실버타운으로 운영되고 있으며, 거주자의 건강과 여가, 서비스 측면에서 장기적인 케어를 목적으로 노인 거주자의 신체적, 정신적, 사회적 상태에 따라 단지 내에서 자립주거, 생활보조주거, 요양시설 등의 적절한 주거형태와 더불어 다양한 서비스와 프로그램이 제공된다.

연속보호형 은퇴주거단지 내 일반적인 주거형태의 특성은 다음과 같다.[3)]

① **자립주거**: 건강한 노인을 대상으로 여가에 중점을 두고 식사, 의료, 생활편의 서비스 등을 선택할 수 있으며, 의사, 간호사, 요양보호사는 상주하지 않는 주거

② **생활보조주거**: 심각한 질병은 없으나 신체적으로 노쇠하여 케어서비스가 필요한 노인을 대상으로 식사, 의료, 생활편의 서비스 등을 지원하며 의사, 간호사, 요양보호사가 상주하는 주거

③ **요양시설**: 노인성 중증질환(뇌졸중, 치매 등) 환자나 65세 이상의 노인 중 일상생활 돌봄이 필요한 사람을 대상으로 24시간 의료서비스, 식사 및 생활편의서비스 등을 제공하며 의사, 간호사, 요양보호사가 상주하는 시설

노인의 삶의 질을 향상하는데 필요한 서비스 및 프로그램의 제공을 목적으로 설치된 시설을 노인복지시설이라고 한다. 노인복지시설에는 노인주거복지

3) 김미희(2018), 연속보호체계형 은퇴주거단지 내 지역사회 연계형 공용공간의 계획과 디자인, 한국주거학회논문집, 29(6), pp.47–57.

시설, 노인의료복지시설, 노인여가복지시설, 재가노인복지시설, 노인보호전문기관, 노인일자리지원기관, 학대피해노인 전용쉼터가 있다.

표 7-6 ▌ 노인복지시설의 종류

<table>
<tr><td rowspan="3">노인 주거 복지 시설</td><td>양로시설</td><td>노인을 입소시켜 급식과 그 밖에 일상생활에 필요한 편의를 제공함을 목적으로 하는 시설</td></tr>
<tr><td>노인공동생활가정</td><td>노인들에게 가정과 같은 주거여건과 급식, 그 밖에 일상생활에 필요한 편의를 제공함을 목적으로 하는 시설</td></tr>
<tr><td>노인복지주택</td><td>노인에게 주거시설을 임대하여 주거의 편의, 생활지도, 상담 및 안전관리 등 일상생활에 필요한 편의를 제공함을 목적으로 하는 시설</td></tr>
<tr><td rowspan="2">노인 의료 복지 시설</td><td>노인요양시설</td><td>치매·중풍 등 노인성질환 등으로 심신에 상당한 장애가 발생하여 도움을 필요로 하는 노인을 입소시켜 급식·요양과 그 밖에 일상생활에 필요한 편의를 제공함을 목적으로 하는 시설</td></tr>
<tr><td>노인요양공동생활가정</td><td>치매·중풍 등 노인성질환 등으로 심신에 상당한 장애가 발생하여 도움을 필요로 하는 노인에게 가정과 같은 주거여건과 급식·요양, 그 밖에 일상생활에 필요한 편의를 제공함을 목적으로 하는 시설</td></tr>
<tr><td rowspan="3">노인 여가 복지 시설</td><td>노인복지관</td><td>노인의 교양·취미생활 및 사회참여활동 등에 대한 각종 정보와 서비스를 제공하고, 건강증진 및 질병예방과 소득보장·재가복지, 그 밖에 노인의 복지증진에 필요한 서비스를 제공함을 목적으로 하는 시설</td></tr>
<tr><td>경로당</td><td>지역노인들이 자율적으로 친목도모·취미활동·공동작업장 운영 및 각종 정보교환과 기타 여가활동을 할 수 있도록 하는 장소를 제공함을 목적으로 하는 시설</td></tr>
<tr><td>노인교실</td><td>노인들에 대하여 사회활동 참여욕구를 충족시키기 위하여 건전한 취미생활·노인건강유지·소득보장 기타 일상생활과 관련한 학습프로그램을 제공함을 목적으로 하는 시설</td></tr>
<tr><td>재가 노인 복지 시설</td><td>재가노인복지시설</td><td>재가노인복지시설은 다음 각 호의 어느 하나 이상의 서비스를 제공함을 목적으로 하는 시설을 말한다.
1. 방문요양서비스
2. 주·야간보호서비스
3. 단기보호서비스
4. 방문 목욕서비스
5. 그 밖의 서비스</td></tr>
<tr><td colspan="2">노인보호전문기관</td><td>지역 간의 연계체계를 구축하고 노인학대를 예방하기 위한 업무를 담당하는 기관</td></tr>
<tr><td colspan="2">노인일자리지원기관</td><td>지역사회 등에서 노인일자리의 개발·지원, 창업·육성 및 노인에 의한 재화의 생산·판매 등을 직접 담당하는 기관</td></tr>
<tr><td colspan="2">학대피해노인 전용 쉼터</td><td>노인학대로 인하여 피해를 입은 노인을 일정기간 보호하고 심신 치유 프로그램을 제공하기 위하여 전용쉼터</td></tr>
</table>

출처: 노인복지법의 내용을 표로 작성.

3) 고령자를 위한 공간디자인

(1) 고령자를 위한 공간디자인의 방향

노인주택은 거주자인 노인에게 '행동의 용이성, 생리적 유지, 지각적 유지, 사회적 용이성'의 4가지 지원성을 충족시켜줄 수 있도록 계획해야 한다.

표 7-7 ▎노인 거주에 적합한 공간계획 및 평가를 위한 지침

행동의 용이성 (behavioral facilitation)	• 거주자가 다양한 행동, 활동 및 동작을 수행할 수 있도록 지원해주는 기능 • 전반적 일치, 기능적 일치, 조작적 일치, 자극의 일치, 공간적 일치, 가변성의 일치 등으로 환경의 행동 용이성이 평가될 수 있음 • 예를 들면, 침실문의 폭이 휠체어 사용자의 출입을 수용하기 위하여 90cm 폭으로 계획되어야 하고 각 공간의 기능을 수행하기 위하여 적절한 규모의 공간을 제공함으로써 행동의 용이성이 제공될 수 있음
생리적 유지 (physiological maintenance)	• 행동을 수행하는 동안에 거주자의 생리적 쾌적성이나 건강을 지속시키려는 환경의 지원성 • 지지적 일치, 기후적 일치, 자극의 규제, 외부요소 규제, 내구성 지속 등의 차원으로 분류됨 • 노인이 사용하는 공간은 시력 저하에 대비하여 일반적인 실내조명보다 더 높은 수준의 조도를 제공하여야 하고, 실내공간은 일정한 온도유지를 위하여 부분 난방설비를 추가로 설치하여 공간의 온도변화가 심하지 않도록 하는 것 등을 들 수 있음
지각적 유지 (perceptual maintenance)	• 환경의 형태와 의미가 거주자에게 전달되어서 심리적 편안함과 쾌적함에 영향을 미치는 지원성을 의미함 • 지각적 일치, 행동적 유인, 감각의 조화 등이 하위개념으로 포함됨 • 각 공간에서 기대하는 분위기를 충분히 제공하도록 각 공간들이 계획되었는지 또는 공간 내 단차가 있는 부분에 인식할 수 있도록 눈에 띄는 색이나 재료를 달리하여 잘 보이도록 하는 것 등이 지각적 유지임
사회적 용이성 (social facilitation)	• 사회적 상호작용을 조절하여 바람직한 수준으로까지 촉진하는 환경의 지원성 • 사회적 유인, 사회적 관찰성, 사회적 집중성, 사회적 고립, 사회적 편익성 등이 사회적 용이성에 포함됨 • 디자인의 예로는 부엌에서 일하고 있는 노인을 다른 공간에 머무르는 거주자가 지켜볼 수 있는가 또는 가족구성원들 간의 사회적 상호작용을 위하여 거실공간이 계획되었는가 하는 것 등을 들 수 있음

출처: 권오정 외 9인(2020), 주거복지총론, pp.396-398 내용을 표로 재구성.

노인주택은 노인의 신체적, 인지적 변화 및 일상생활에 미치는 영향을 고려하여 노인의 자립적 생활을 도모하고 사고발생의 가능성을 감소시켜 안전성을 증진하고 집안에서의 활동이 쉽도록 계획하여야 한다. 이에 〈장애인·고령자 등 주거약자 지원에 관한 법률〉에서 주거약자용 주택의 안전기준, 편의시설 설치기준 등을 정해 두었다.

표 7-8 ▌ 주거약자용 주택의 안전기준

1. 출입문: 주거약자의 원활한 출입이 가능하도록 유효폭 및 활동공간 등을 고려하여 설치해야 한다.
2. 바닥 가. 미끄럼을 방지할 수 있는 마감재를 사용해야 한다. 나. 바닥 높이 차이는 원칙적으로 없도록 하되, 주택의 구조 등으로 인해 불가피한 사유가 있는 경우에는 다음의 구분에 따른 높이로 해야 한다. 1) 출입문에 방풍턱(바람막이 턱)을 설치하는 경우: 1.5㎝ 이하 2) 현관에 마룻귀틀(마루청을 까는 데 쓰는 뼈대)을 설치하는 경우: 3㎝ 이하
3. 비상연락장치 가. 거실, 욕실 및 침실에 경비실 등 관리실과 연결할 수 있는 비상연락장치를 각각 설치해야 한다. 나. 65세 이상인 주거약자를 대상으로 공급하는 주택의 경우 다음의 장치를 모두 설치해야 한다. 1) 동체감지기 및 그 밖에 입주자의 움직임 여부를 파악할 수 있는 장치. 이 경우 입주자의 선택에 따라 그 작동을 정지할 수 있어야 한다. 2) 1)의 장치를 통해 일정 기간 움직임이 감지되지 않는 경우 경비실 등 관리실에 자동으로 통보되는 홈네트워크망
4. 현관: 주거약자가 지체장애인 또는 뇌병변장애인이거나 그 밖에 휠체어를 사용하는 사람인 경우로서 해당 주거약자나 주거약자가 세대원으로 있는 세대의 세대주의 신청이 있는 경우에는 마룻귀틀에 경사로를 설치해야 한다.
5. 거실: 주거약자가 청각장애인인 경우로서 해당 주거약자 또는 주거약자 세대주의 신청이 있는 경우에는 주택 내부에 세대별로 시각경보기를 설치해야 한다.
6. 욕실 가. 주거약자에게 임대할 목적으로 건설하는 주거약자용 주택의 경우에는 좌변기, 욕조, 세면대 및 샤워 공간 주위의 적절한 위치에 안전손잡이를 설치해야 한다. 나. 주거약자가 지체장애인이거나 그 밖에 휠체어를 사용하는 사람인 경우로서 해당 주거약자 또는 주거약자 세대주의 신청이 있는 경우에는 좌변기 옆에 75㎝ 이상의 여유 공간을 확보해야 한다.

출처: 장애인·고령자 등 주거약자 지원에 관한 법률 시행령 별표 1을 정리함.

표 7-9 ▌ 노인과 장애인을 위한 실별 안전기준

<table>
<tr><th>구분</th><th>고령자
(자립생활가능)</th><th>지체장애인(뇌병변포함)/
휠체어사용 고령자</th><th>시각장애인</th><th>청각장애인</th></tr>
<tr><td rowspan="3">공통사항</td><td colspan="4">• 거실, 침실, 욕실에 비상연락장치 설치</td></tr>
<tr><td colspan="3">• 출입문의 통과 유효폭은 85cm 이상(욕실은 80cm 이상) 확보하고, 여닫이문은 90도 이상 열리도록 함
• 출입문 손잡이는 레버형 손잡이 등 잡기 쉽고 조작이 쉬운 것으로 설치
• 단차가 없는 것을 원칙으로 하되, 있는 경우 1.5cm 이하
• 바닥은 미끄럼을 방지할 수 있는 마감재로 마감</td><td>–</td></tr>
<tr><td>• 여닫이문 앞뒤 여유공간(120cm×120cm) 없으면 미닫이문, 미세기문, 접이문 등으로 교체</td><td>• 여닫이문 앞뒤 여유공간(150cm×150cm) 없으면 미닫이문, 미세기문, 접이문 등으로 교체
• 출입문 옆에 60cm 이상의 여유공간 확보</td><td>• 여닫이문 앞뒤 여유공간(120cm × 120cm) 없으면 미닫이문, 미세기문, 접이문 등으로 교체</td><td>–</td></tr>
<tr><td rowspan="3">현관</td><td colspan="4">• 야간센서등 설치</td></tr>
<tr><td colspan="3">• 75~85cm 높이에 수직·수평손잡이 설치
• 현관 마루굽틀은 3cm 이하</td><td>–</td></tr>
<tr><td></td><td>• 마루굽틀에 경사로 설치</td><td>–</td><td>–</td></tr>
<tr><td>거실</td><td>–</td><td>• 비디오폰 높이 조정(휠체어에 앉아서 이용할 수 있도록 1.2m 내외로 조정)</td><td>–</td><td>• 비디오폰 설치
• 조명밝기 (600~900lx)
• 세대 내 시각 경보기 설치</td></tr>
<tr><td>부엌</td><td>–</td><td>• 좌식 싱크대 설치
• 가스밸브 높이조정(휠체어에 앉아서 이용할 수 있도록 1.2m 내외로 조정)</td><td>–</td><td>–</td></tr>
<tr><td>침실</td><td colspan="3">–</td><td>• 조명밝기 (300~400lx)</td></tr>
<tr><td rowspan="4">욕실</td><td colspan="4">• 욕실 출입구에 야간센서등 설치</td></tr>
<tr><td colspan="3">• 욕조 설치할 때 욕실바닥에서 45cm 이하로 계획
• 샤워공간 설치 시 이동가능한 샤워기 설치
• 좌변기, 욕조, 세면대, 샤워공간 주위에 안전손잡이 설치</td><td>–</td></tr>
<tr><td colspan="2">• 욕실 출입문 방향은 밖여닫이, 미닫이문 또는 미서기문으로 설치</td><td>–</td><td>–</td></tr>
<tr><td>–</td><td>• 좌변기 옆에 75cm 이상 여유공간 확보
• 높낮이 조절 세면기 설치</td><td>–</td><td>–</td></tr>
</table>

출처: 국토해양부 공고 제2011-491호.

표 7-10 ▌ 주거약자용 주택의 편의시설 설치기준

구분	내용
출입문	• 출입문의 통과 유효너비는 85㎝(욕실 출입문의 너비는 80㎝) 이상일 것 • 출입문 옆에는 60㎝ 이상의 여유 공간을 확보할 것(법 제2조제2호가목에 따른 주거약자용 주택으로 한정한다)
출입문 손잡이	• 레버형 손잡이 등 잡기 쉽고 조작이 쉬운 것으로 설치할 것
바닥	• 미끄럼을 방지할 수 있는 마감재를 사용할 것 • 바닥 높낮이차는 원칙적으로 없도록 하되, 주택의 구조 등으로 인하여 불가피한 사유가 있는 경우에는 다음의 구분에 따른 높이 이하일 것 1) 출입문에 방풍턱을 설치하는 경우: 1.5㎝ 2) 현관에 마루귀틀을 설치하는 경우: 3㎝
비상연락 장치	• 거실, 욕실 및 침실에 경비실 등 관리실과 연결할 수 있는 비상연락장치를 각각 설치할 것(「주택법」 제2조제2호에 따른 공동주택으로 한정한다)
현관	• 동작감지센서가 부착된 등(燈)을 설치할 것 • 현관 출입구 측면에 바닥면에서 75㎝에서 85㎝ 사이의 높이에 수직·수평 손잡이를 설치할 것 • 마루귀틀에는 경사로를 설치할 것[해당 주거약자용 주택을 사용하는 주거약자가 지체장애인(뇌병변장애인을 포함한다. 이하 같다)이거나 그 밖에 휠체어를 사용하는 사람인 경우로서 해당 주거약자나 주거약자가 세대원으로 있는 세대의 세대주(이하 "주거약자등"이라 한다)의 신청이 있는 경우로 한정한다]
거실	• 바닥면에서 1.2미터 내외의 높이에 현관 바깥을 볼 수 있는 비디오폰을 적절한 위치에 설치할 것(해당 주거약자용 주택을 사용하는 주거약자가 지체장애인이거나 그 밖에 휠체어를 사용하는 사람인 경우로서 해당 주거약자등의 신청이 있는 경우로 한정한다) • 거실의 조명 밝기는 600～900럭스(lux)로 하고, 주택 내부에 세대별로 시각경보기를 설치할 것(해당 주거약자용 주택을 사용하는 주거약자가 청각장애인인 경우로서 해당 주거약자등의 신청이 있는 경우로 한정한다)
부엌	• 좌식 싱크대를 설치할 것 • 취사용 가스밸브는 바닥면에서 1.2미터 높이 내외일 것 (해당 주거약자용 주택을 사용하는 주거약자가 지체장애인이거나 그 밖에 휠체어를 사용하는 사람인 경우로서 해당 주거약자등의 신청이 있는 경우로 한정한다)
침실	• 조명 밝기가 300～400럭스(lux)일 것(해당 주거약자용 주택을 사용하는 주거약자가 청각장애인인 경우로서 해당 주거약자등의 신청이 있는 경우로 한정한다)
욕실	• 법 제2조제2호가목에 따른 주거약자용 주택의 경우 1) 욕실 출입구에 동작감지센서가 부착된 등을 설치할 것 2) 욕조 높이는 욕실 바닥에서 45㎝ 이하일 것 3) 위·아래로 이동이 가능한 샤워기를 설치할 것 4) 좌변기, 욕조, 세면대 및 샤워 공간 주위의 적절한 위치에 안전손잡이를 설치할 것 5) 욕실 출입문은 밖여닫이, 미닫이 또는 미서기문으로 설치할 것 • 해당 주거약자용 주택을 사용하는 주거약자가 지체장애인이거나 그 밖에 휠체어를 사용하는 사람인 경우로서 해당 주거약자등의 신청이 있는 경우 1) 좌변기 옆에 75㎝ 이상의 여유 공간을 확보할 것 2) 높낮이가 조절되는 세면기를 설치할 것

출처: 장애인·고령자 등 주거약자 지원에 관한 법률 시행령 별표 2를 정리함.

표 7-11 ▌ 신체기능 변화에 따른 주거공간 디자인 예시

	신체 기능의 변화		일상생활에 미치는 영향	주거공간 디자인의 예
감각기능	시각	• 노안이 됨 • 노인성 백내장이 생김 • 암순응력 쇠퇴 • 눈부심에 민감해짐	• 눈이 부심 • 어둡고 밝음의 변화에 적응 시간이 길어짐	• 간접조명을 사용 • 계단 및 높낮이를 확실히 인식할 수 있도록 표시를 설치
	후각	• 후각이 약해짐	• 가스가 새는 경우 냄새를 잘 맡지 못함	• 가스감지장치 부착
	청각	• 잘 듣지 못함	• 벨소리를 잘 듣지 못함 • 상대방의 말소리를 잘 듣지 못함	• 청각과 시각으로 인식하는 전화기 설치(보조적 장치 추가)
	촉각	• 촉각이 약해짐 • 온도감각이 둔화함 • 피부가 건조해짐	• 상처가 생기기 쉬움 • 화상입기 쉬움 • 체온유지 능력 저하	• 바닥 난방 설치 • 부드러운 촉감의 재료 사용
신체기능	기억력 사고력	• 기억력 저하 • 보는 대로 믿음	• 물건을 둔 장소를 잘 기억하지 못함	• 접근하기 쉬운 곳에 수납가구 배치 • 내부를 볼 수 있는 수납가구
	근력 지구력	• 악력이 약해짐 • 민첩성 저하 • 지구력 저하 • 순발력 저하	• 작은 손잡이 잡기 어려움 • 낮은 문턱에도 쉽게 걸려 넘어짐	• 손가락, 손목 등 미세한 동작은 요구하지 않는 손잡이, 스위치 사용 • 단차제거 • 미끄럽지 않은 바닥재료 사용
	앉기 서기	• 다리가 약해짐 • 허리가 약해짐	• 앉고 서는데 시간이 걸림	• 입식 생활을 위한 공간계획 • 현관에 핸드레일 설치
	걷기	• 균형감각 저하 • 보폭이 좁아짐 • 다리의 힘이 저하	• 단차에 쉽게 걸려 넘어짐 • 잘 미끄러짐	• 복도에 핸드레일 설치 • 미끄럽지 않은 바닥재료 사용
생리기능	배설	• 소변이 잦아짐	• 주야간으로 화장실 사용 빈도 증가	• 화장실은 침실 근처에 배치 • 야간 조명등 설치
	수면	• 수면시간이 짧아지고 쉽게 잠을 깸	• 낮잠을 잠 • 불면증이 생기기도 함	• 숙면을 위한 침실환경을 계획 • 방음이 잘되고, 적절한 내부 온도 유지

출처: 권오정 외 9인(2020), 2020 개정판 주거복지총론, p.399.

표 7-12 ▌ 생활행위와 노인주택의 공간디자인

생활행위		공간디자인
이동	신체조건, 이동수단과 이동상황, 주거공간의 상황에 의해 전개	계단, 단차, 돌기, 개구부의 폭, 바닥 마감 등이 이동의 장애요인이 되지 않게 함
도달	이동과 같음	휠체어사용자는 도달 물건이나 설비의 높이, 길이, 깊이 등을 고려하고, 휠체어 발위치, 팔걸이, 앞바퀴의 위치, 팔꿈치 등을 고려해야 함
동작	생활동작이 요구되는 장소에서 지장이 없는지에 대한 동작행위	욕실의 경우 착 탈의 시 걸터앉을 수 있도록 충분한 넓이를 확보하고 욕조는 반매입형이 좋다. 그리고 난간이나 손잡이 등은 행위달성 장애가 생기지 않도록 보조역할은 함
조작	주거생활에 필요한 도구, 설비, 기계, 장치의 조작여부	고령자는 손가락 사용의 정교한 동작은 어려우므로 손끝, 발끝을 사용하는 동작보다 미는 동작으로 작동이 가능한 레버식 손잡이가 좋음
인지	일부 노인은 인지나 커뮤니케이션에 핸디캡을 가짐	위험이나 긴급상황의 확인, 통보, 구조 등을 하기 쉬운 시스템을 구축해야 함. 보행이 불완전하므로 미끄러지거나 전도되지 않도록 재료와 구조를 택해야 함

출처: 안옥희 외(2002), 개정 주거인간공학, 기문당, p.209를 수정했음.

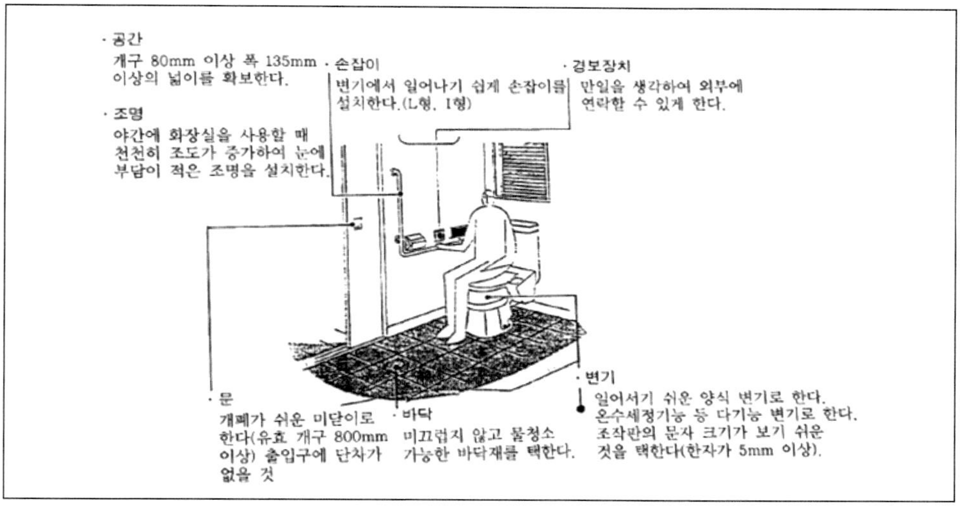

출처: 안옥희 외 2인(2002), 개정 주거인간공학, p.225.

그림 7-1 ▍ 고령자주택의 화장실 계획

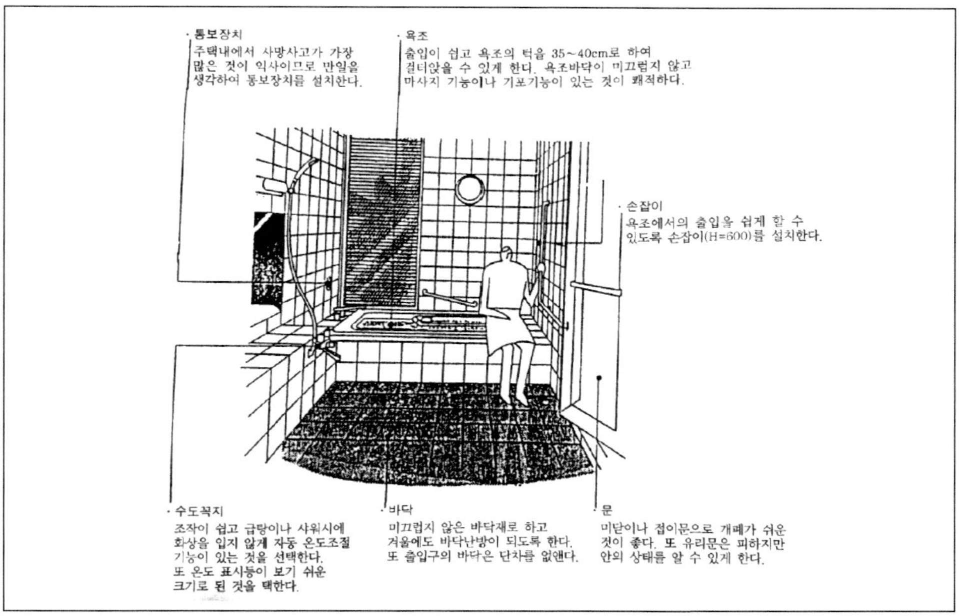

출처: 안옥희 외 2인(2002), 개정 주거인간공학, p.224.

그림 7-2 ▍ 고령자주택의 욕실계획

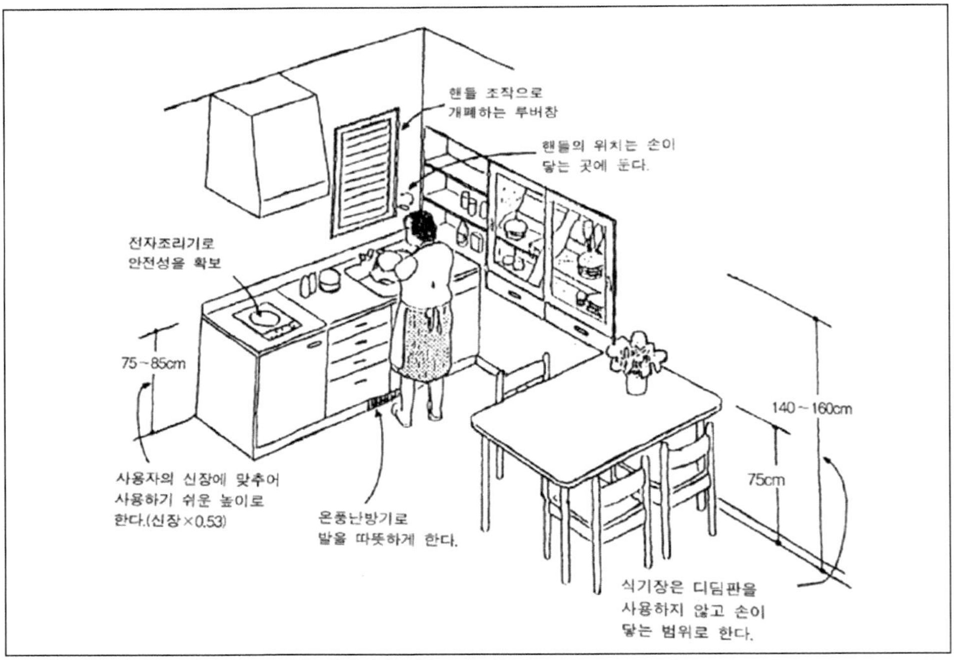

출처: 안옥희 외 2인(2002), 개정 주거인간공학, p.226.

그림 7-3 ▌ 고령자주택의 부엌 계획

2. 장애인을 위한 주거서비스

1) 장애인과 장애인주거의 특성

(1) 장애인의 특성

〈장애인복지법〉에서 장애인이란 신체적·정신적 장애로 오랫동안 일상생활이나 사회생활에서 상당한 제약을 받는 자라고 정의한다. 그리고 신체적 장애란 주요 외부 신체 기능의 장애, 내부기관의 장애 등을 말하며, 정신적 장애란 발달장애 또는 정신 질환으로 발생하는 장애를 말한다.

전 세계 인구의 약 10% 정도가 장애인으로 분류되며, 매년 약 300만 명 정도가 증가하고 있다. 우리나라의 경우, 장애인이 2001년부터 지속해서 증가하다가 2007년 말부터 200만 장애인시대를 맞았으며, 2018년 등록장애인은 258만 명이 넘었다.

등록장애인 수를 장애유형으로 보면 지체장애가 가장 많으며, 청각장애 〉 시각장애 〉 뇌병변 〉 지적장애 순이다. 성별로 살펴보면, 남성 등록장애인이 57.8%로 여성 등록장애인보다 많았으며, 연령별로는 60~64세 〉 75~79세 〉 70~74세의 순이며, 장애 등급별로는 심하지 않은 장애가 62.4%로 심한 장애보다 많다.

장애인 가구의 평균 가구원 수는 2.46명으로, 가구의 구성은 1인가구와 부부가구의 비율이 26.4%로 가장 높았고, 부부+미혼자녀 24.6% 순이다. 장애인 가구는 비장애인가구에 비해 상대적으로 '부부' 가구의 비율이 높지만, '부부+미혼자녀'가구의 비율은 낮다.

표 7-13 ▌ 장애의 종류 및 기준에 따른 장애인

1. 지체장애인(肢體障碍人)
   - 가. 한 팔, 한 다리 또는 몸통의 기능에 영속적인 장애가 있는 사람
   - 나. 한 손의 엄지손가락을 지골(指骨: 손가락뼈) 관절 이상의 부위에서 잃은 사람 또는 한 손의 둘째 손가락을 포함한 두 개 이상의 손가락을 모두 제1지골 관절 이상의 부위에서 잃은 사람
   - 다. 한 다리를 가로발목뼈관절(lisfranc joint) 이상의 부위에서 잃은 사람
   - 라. 두 발의 발가락을 모두 잃은 사람
   - 마. 한 손의 엄지손가락 기능을 잃은 사람 또는 한 손의 둘째손가락을 포함한 손가락 두 개 이상의 기능을 잃은 사람
   - 바. 왜소증으로 키가 심하게 작거나 척추에 현저한 변형 또는 기형이 있는 사람
   - 사. 지체(肢體)에 위 각 목의 어느 하나에 해당하는 장애정도 이상의 장애가 있다고 인정되는 사람

2. 뇌병변장애인(腦病變障碍人)

   뇌성마비, 외상성 뇌손상, 뇌졸중(腦卒中) 등 뇌의 기질적 병변으로 인하여 발생한 신체적 장애로 보행이나 일상생활의 동작 등에 상당한 제약을 받는 사람

3. 시각장애인(視覺障碍人)
   - 가. 나쁜 눈의 시력(공인된 시력표에 따라 측정된 교정시력을 말한다. 이하 같다)이 0.02 이하인 사람

나. 좋은 눈의 시력이 0.2 이하인 사람
다. 두 눈의 시야가 각각 주시점에서 10도 이하로 남은 사람
라. 두 눈의 시야 2분의 1 이상을 잃은 사람

4. 청각장애인(聽覺障碍人)
가. 두 귀의 청력 손실이 각각 60데시벨(dB) 이상인 사람
나. 한 귀의 청력 손실이 80데시벨 이상, 다른 귀의 청력 손실이 40데시벨 이상인 사람
다. 두 귀에 들리는 보통 말소리의 명료도가 50% 이하인 사람
라. 평형 기능에 상당한 장애가 있는 사람

5. 언어장애인(言語障碍人)
음성 기능이나 언어 기능에 영속적으로 상당한 장애가 있는 사람

6. 지적장애인(知的障碍人)
정신 발육이 항구적으로 지체되어 지적 능력의 발달이 불충분하거나 불완전하고 자신의 일을 처리하는 것과 사회생활에 적응하는 것이 상당히 곤란한 사람

7. 자폐성장애인(自閉性障碍人)
소아기 자폐증, 비전형적 자폐증에 따른 언어·신체표현·자기조절·사회적응 기능 및 능력의 장애로 인하여 일상생활이나 사회생활에 상당한 제약을 받아 다른 사람의 도움이 필요한 사람

8. 정신장애인(精神障碍人)
지속적인 양극성 정동장애(情動障碍, 여러 현실 상황에서 부적절한 정서 반응을 보이는 장애), 조현병, 조현정동장애(調絃情動障碍) 및 재발성 우울장애에 따른 감정조절·행동·사고 기능 및 능력의 장애로 인하여 일상생활이나 사회생활에 상당한 제약을 받아 다른 사람의 도움이 필요한 사람

9. 신장장애인(腎臟障碍人)
신장의 기능장애로 인하여 혈액투석이나 복막투석을 지속적으로 받아야 하거나 신장기능의 영속적인 장애로 인하여 일상생활에 상당한 제약을 받는 사람

10. 심장장애인(心臟障碍人)
심장의 기능부전으로 인한 호흡곤란 등의 장애로 일상생활에 상당한 제약을 받는 사람

11. 호흡기장애인(呼吸器障碍人)
폐나 기관지 등 호흡기관의 만성적 기능부전으로 인한 호흡기능의 장애로 일상생활에 상당한 제약을 받는 사람

12. 간장애인(肝障碍人)
간의 만성적 기능부전과 그에 따른 합병증 등으로 인한 간기능의 장애로 일상생활에 상당한 제약을 받는 사람

13. 안면장애인(顔面障碍人)
안면 부위의 변형이나 기형으로 사회생활에 상당한 제약을 받는 사람

14. 장루·요루장애인(腸瘻·尿瘻障碍人)
배변기능이나 배뇨기능의 장애로 인하여 장루(腸瘻) 또는 요루(尿瘻)를 시술하여 일상생활에 상당한 제약을 받는 사람

15. 뇌전증장애인(腦電症障碍人)
뇌전증에 의한 뇌신경세포의 장애로 인하여 일상생활이나 사회생활에 상당한 제약을 받아 다른 사람의 도움이 필요한 사람

출처: 장애인복지법 시행령 별표 1.

(2) 장애인주거의 특성

장애인가구의 주거실태[4]에서 주택형태를 보면, 비거주용 건물 내 주택의 비율은 0.8%에 불과하여 큰 문제는 없다. 공공임대주택 여부를 보면, 정신장애, 지적장애, 뇌병변장애 및 자폐성장애의 주거에서 공공임대주택이 상당히 중요한 역할을 하는 것으로 보인다.

장애인가구의 주택 소유형태를 보면, 일부 장애유형의 주거불안정이 우려된다. 즉 정신장애, 언어장애, 뇌전증장애, 호흡기장애, 지적장애 등은 자가 또는 전세의 비율이 낮고 월세의 비율이 상당히 높으며, 특히 정신장애인가구와 호흡기장애인가구는 보증금 없는 월세의 비율이 전체 평균보다 상당히 높은 실정이다.

장애인가구의 주택의 구조·성능 및 환경을 보면, 내열·내화·방열 및 방습이 양호하지 않은 주택이 16.1%, 방음·환기·채광 및 난방설비를 갖추지 못한 주택이 17.0%, 소음·진동·악취 및 대기오염이 있는 주택이 16.7%, 재난발생 시 대응 가능한 시스템이 갖춰진 주택은 48.6%로 나타났다. 특히 장애인의 경우에는 재난발생 시 위험에 처할 우려가 매우 큰데 절반 이상의 장애인이 재난에 상당히 취약한 주택에 거주하고 있으므로 시급히 개선되어야 한다.

집 구조의 생활 편리정도에 대해서는 4.3%가 매우 불편, 21.1%가 약간 불편하다고 하였다. 그리고 주택개조 희망은 16.6%, 주거복지사업 중 주택개조사업의 이용 경험은 장애인의 0.3%에 불과하였다.

2) 장애인을 위한 주거서비스[5]

장애인의 주거복지사업 이용 경험을 보면, 가장 많이 이용한 경험이 있는

4) 보건복지부(2018). 2017년 장애인 실태조사.
5) 전반적으로 보건복지부의 2017년 장애인 실태조사의 내용을 참고하여 재정리하였음.

사업은 영구임대주택으로, 응답자의 4.4%가 이용한 경험이 있다고 하였다. 또한 국민임대주택 2.5%, 저소득층 월세지원 2.1%, 기존주택 매입·전세 임대사업 1.9% 등이 이용경험이 1%가 넘고 그 외는 이용 경험이 1% 미만으로 매우 낮은 실정이다. 그런데 주거복지사업의 이용 만족도를 보면, 전반적으로 이용 경험자의 85% 이상이 만족하는 등 장기전세주택을 제외한 나머지 주거복지사업에 대해 전반적으로 만족도가 높은 편이다. 따라서 현재 시행되고 있는 주거복지사업의 혜택을 받는 장애인은 매우 제한적이지만 이용만족도는 높은 편이라고 할 수 있다.

따라서 장애인을 위한 주거복지사업에서는 대상자를 확대하기 위한 예산확보가 가장 중요하다. 특히 국민임대주택, 전세자금(융자)지원이나 저소득층 월세지원, 그리고 주택구매자금(융자)지원이 만족도가 높다는 점을 고려하여 지원 대상자를 확대하려는 노력이 필요하다. 또한 영구임대주택은 이용경험 장애인이 많다는 점과 장애인의 주거비 부담을 완화할 수 있을 뿐 아니라 주거의 질을 높이는 데 크게 이바지할 수 있다는 장점이 있다.

또한 장애인들은 향후 살고 싶은 주거유형에 대해 대부분이 일반주택이라고 응답하였으나 요양시설과 공동생활가정도 일부 있었다. 일반주택에서 살 때 혼자 살고 싶은 장애인이 32만5천여 명(13.4%)에 이르고 있다는 점을 고려하여 장애인이 지역사회 내에서 혼자 거주하면서도 지원을 받을 수 있는 주거와 지원서비스가 결합한 지원주택(supportive housing)을 제공할 필요가 있다.

장애인을 위한 주거서비스에서 가장 중요하게 고려해야 할 측면의 장애인 당사자의 선택을 존중해야 한다는 것이다. 장애인 당사자의 선택으로, 장애인 자신이 통제할 수 있는 주거에서 거주할 수 있도록 지원하는 것이 가장 중요하다.

장애인복지시설은 장애인에게 적절한 보호, 의료, 생활지도와 기능회복 훈련 등의 서비스를 제공함으로써 장애인이 기능회복과 향상을 도모할 수 있도록 도와주는 시설물을 말한다(장애인복지법 제47조). 장애인이 정상인과 비슷한 수준의 사회생활을 영위할 수 있도록 하려면 장애인의 동선을 고려한 설비·운영체계가 갖추어져 있어야 한다.

표 7-14 ▌ 장애인복지시설의 종류

구 분	시설의 종류 및 기능
장애인 거주시설	• 장애유형별 거주시설: 장애유형이 같거나 유사한 장애를 가진 사람들을 이용하게 하여 그들의 장애 유형에 적합한 주거지원·일상생활지원·지역사회 생활지원 등의 서비스를 제공하는 시설 • 중증장애인 거주시설: 장애의 정도가 심하여 항상 도움이 필요한 장애인에게 주거지원·일상생활 지원·지역사회생활지원·요양서비스를 제공하는 시설 • 장애영유아 거주시설: 6세 미만의 장애영유아를 보호하고 재활에 필요한 주거지원·일상생활지원·지역사회생활지원·요양서비스를 제공하는 시설 • 장애인 단기거주시설: 보호자의 일시적 부재 등으로 도움이 필요한 장애인에게 단기간 주거서비스, 일상생활지원서비스, 지역사회생활서비스를 제공하는 시설 • 장애인 공동생활가정: 장애인들이 스스로 사회에 적응하기 위하여 전문인력의 지도를 받으며 공동으로 생활하는 지역사회 내의 소규모 주거시설
장애인 지역사회 재활시설	• 장애인복지관, 장애인 주간보호시설, 장애인 체육시설, 장애인 수련시설 • 장애인 생활이동지원센터, 수화통역센터, 점자도서관, 점자도서 및 녹음서 출판시설, 장애인 재활치료시설
장애인 직업재활시설	• 장애인 보호작업장, 장애인 근로사업장, 장애인 직업적응훈련시설
장애인 의료재활시설	• 장애인 의료재활시설
장애인 생산품판매시설	• 장애인 생산품판매시설

출처: 장애인복지법 시행규칙 별표 4.

재가장애인을 위한 서비스는 의료재활서비스, 직업재활서비스, 장애인 소득보장과 생활 안정 지원, 맹인심부름 센터 설치 운영, 재가장애인 이용시설의 확충 등이 있다.

노인과 장애인을 위한 주택개발은 일본이나 유럽 등 선진국에서 이미 제도화된 분야이다. 여기서 제도화란 장애인이 거주하는 가옥이 불편해 스스로 활동하는 데 상당히 제약을 받으면 그 개조비용을 정부를 통해 보조받을 수 있는 제도를 말한다. 그러나 고령사회로 접어든 우리나라의 경우 장애인주택에 대한 제도나 연구가 아직 미흡하다. 장애인에게 가장 바람직한 것은 집안에서 활동을 스스로 할 수 있게 하는 것이다. 이를 위해서는 장애인의 특성에 맞춘 주거환경 개선이 필요하며, 적절한 복지용품의 사용이 필요하다.

주거시설은 장애인의 삶의 질을 한 단계 높이는 차원에서 매우 중요하다. 장애인시설주거의 기능을 축소하고 재가서비스를 확대하여야 한다. 장애인시설주거의 규모가 크면 클수록 지역사회와 소통할 기회는 줄어드니 대규모 시설을 줄여 지역사회와 소통할 수 있는 소규모 시설로 재정비를 하는 것이 바람직하다.

더불어 장애인시설을 다양화하고 이용자의 선택권을 보장할 필요가 있다. 현재는 장애인 스스로 거주시설의 유형을 결정하고 선택하는 것은 매우 어려운 실정이다. 보장기관이 배정한 시설에 들어가야만 하는 경우가 대부분이므로 시설의 종류를 유형별·크기별로 다양하게 하고 장애인의 욕구에 맞는 주거서비스를 선택할 수 있도록 하여야 한다.

장애인을 대상으로 하는 복지서비스로 장애인 보장구 급여가 있다. 건강보험(의료급여) 대상자 중 등록장애인을 대상으로 하고 있으며 구체적으로 건강보험 대상자에게는 적용대상 품목의 기준액 범위 내에서 구입비용의 90%를 공단에서 부담하게 하고, 전동휠체어, 전동스쿠터 및 자세보조용구는 고시금액, 구입금액, 기준 금액 중 낮은 금액의 90% 지원을 한다. 의료급여 수급권자에게는 적용대상 품목의 기준액, 고시액, 실구매가액 중 낮은 금액을 기금에서 부담하게 하며 지원 품목은 전동휠체어·전동스쿠터·자세보조용구, 목발, 의지·보조기, 맞춤형 교정용 신발 등이 있다.

장애인 보조기기 지원은 기초생활보장 수급자나 차상위계층인 지체·뇌병변·심장·시각·청각 장애인을 대상으로 하고 있으며 28개 품목의 보조기구를 지원 금액 내에서 무료 교부하고 있다.

표 7-15 ▌ 장애인 보조기기 지원내용

구분	지원내용
1~2급 지체·뇌병변·심장 장애인	욕창방지용 방석 및 커버
시각장애인	음향신호기의 리모컨, 음성시계, 영상확대 비디오, 문자판독기, 녹음 및 재생장치
청각장애인	시각신호표시기, 진동시계, 청취증폭기
1~2급 지체·뇌병변 장애인(근육병증 등) 단, 보행용 보조기구 및 목욕의자는 1~4급	양팔조작형 보행용 보조기구, 식사보조기구, 기립훈련기, 목욕의자

출처: 복지로, http://bokjiro.go.kr

3) 장애인을 위한 공간디자인

장애인은 대체로 수입이 충분치 못하여 자력으로 주택이나 편의시설 설치가 어렵다. 그러므로 저소득층 장애인들에게 공공임대주택에 먼저 입주할 수 있도록 해야 한다. 그리고 공공시설물을 장애인이 이용하기 편하도록 개선하여, 장애인이 지역사회활동의 폭을 넓혀 재활과 자활의 의욕을 가질 수 있도록 해야 한다.

일반아파트는 외부와의 동선, 내부시설 등이 장애인의 행동 및 이용 편의성 등을 고려하지 않아 생활상 많은 어려움이 있다. 따라서 장애인을 위해서는 침대사용이 가능한 충분한 넓이, 편리한 화장실과 부엌설비, 접근성이 좋은 주차공간과 근린생활시설이 필요하다. 시설별로 설치해야 하는 편의시설의 종류 및 설치기준은 〈장애인·노인·임산부 등의 편의증진 보장에 관한 법률 시행령〉에서 정하고 있다.

표 7-16 ▌ 장애인을 위한 편의시설의 종류와 설치기준

종류	설치기준
(1) 장애인등의 통행이 가능한 접근로	(가) 대상시설 외부에서 건축물의 주출입구에 이르는 접근로는 장애인등이 안전하고 편리하게 통행할 수 있도록 유효폭·기울기와 바닥의 재질 및 마감 등을 고려하여 설치하여야 한다. (나) 접근로를 (가)의 주출입구에 연결하여 시공하는 것이 구조적으로 곤란하거나 주출입구보다 부출입구가 장애인등의 이용에 편리하고 안전한 경우에는 주출입구 대신 부출입구에 연결하여 접근로를 설치할 수 있다.
(2) 장애인전용주차구역	(가) 부설주차장에는 장애인전용주차구역을 주차장법령이 정하는 설치비율에 따라 장애인의 이용이 편리한 위치에 구분·설치하여야 한다. 다만, 부설주차장의 주차대수가 10대 미만인 경우를 제외하며, 산정된 장애인전용주차구역의 주차대수 중 소수점 이하의 끝수는 이를 1대로 본다. (나) 장애인전용주차구역은 입주한 장애인가구의 동별 거주현황 등을 고려하여 설치한다.
(3) 높이 차이가 제거된 건축물 출입구	(가) 건축물의 주출입구와 통로에 높이차이가 있는 경우에는 턱낮추기를 하거나 휠체어리프트 또는 경사로를 설치하여야 한다. (나) (가)의 주출입구의 높이 차이를 없애는 것이 구조적으로 곤란하거나 주출입구보다 부출입구가 장애인등의 이용에 편리하고 안전한 경우에는 주출입구 대신 부출입구의 높이 차이를 없앨 수 있다.
(4) 장애인등의 출입이 가능한 출입구(문)	(가) 건축물의 주출입구는 장애인등의 출입이 가능하도록 유효폭·형태 및 부착물 등을 고려하여 설치하여야 한다. (나) 장애인전용주택의 세대내 출입문은 장애인등의 출입이 가능하도록 유효폭·형태 및 부착물 등을 고려하여 설치할 수 있다.
(5) 장애인등의 통행이 가능한 복도	복도는 장애인등의 통행이 가능하도록 유효폭, 바닥의 재질 및 마감과 부착물 등을 고려하여 설치할 수 있다.
(6) 장애인 등의 통행이 가능한 계단·장애인용 승강기, 장애인용 에스컬레이터, 휠체어리프트 또는 경사로	아파트는 장애인등이 건축물의 1개 층에서 다른 층으로 편리하게 이동할 수 있도록 그 이용에 편리한 구조로 계단을 설치하거나 장애인용 승강기, 장애인용 에스컬레이터, 휠체어리프트 또는 경사로를 1대 또는 1곳 이상 설치하여야 한다.
(7) 장애인 등의 이용이 가능한 화장실 및 욕실	장애인전용주택의 화장실 및 욕실은 장애인등이 편리하게 이용할 수 있도록 구조, 바닥의 재질 및 마감과 부착물 등을 고려하여 설치할 수 있다.
(8) 점자블록	시각장애인을 위한 장애인전용주택의 주출입구와 도로 또는 교통시설을 연결하는 보도에는 점자블록을 설치할 수 있다.
(9) 시각 및 청각장애인 경보·피난설비	시각 및 청각장애인을 위한 장애인전용주택에는 위급한 상황에 대피할 수 있도록 청각장애인용 피난구유도등·통로유도등 및 시각장애인용 경보설비 등을 설치할 수 있다.
(10) 장애인 등의 이용이 가능한 부대시설 및 복리시설	(가) 「주택법」 제2조 제12호에 따른 주택단지 안의 관리사무소·경로당·의원·치과의원·한의원·조산소·약국·목욕장·슈퍼마켓, 일용품 등의 소매점, 일반음식점·휴게음식점·제과점·학원·금융업소·사무소 또는

	사회복지관이 있는 건축물에 대하여는 제3호 가목(1) 및 (3)부터 (7)까지의 규정을 적용한다. 다만, 당해 주택단지에 건설하는 주택의 총 세대수가 300세대 미만이면 그러하지 아니하다. (나) 「주택법」 제2조 제13호 또는 제14호에 따른 부대시설 및 복리시설 중 (가)에 따른 시설을 제외한 시설(별표 1 제2호 및 제4호에 따른 편의시설 설치 대상시설에 해당하는 경우로 한정한다)에 대해서는 용도 및 규모에 따라 별표 1 제2호 및 제4호에 따른 공공건물 · 공중이용시설 및 통신시설의 설치기준을 각각 적용한다.

출처: 장애인 · 노인 · 임산부 등의 편의증진 보장에 관한 법률 시행령 별표 2중 공동주택 부문만 발췌.

표 7-17 ▎ 휠체어 사용자의 행동반경

구분	행동반경
바닥에서 휠체어 좌면까지의 높이	40~45㎝ 정도(일반인의 보통의 사무책상에 앉은 때와 높이가 같다)
손의 하위 도달범위	바닥 위 40㎝, 상위 도달범위는 160㎝ 정도(상지장애가 없는 남자의 경우) 전방 수평범위는 약 60㎝ 정도
휠체어 통과 최소 폭	80㎝ 정도, 휠체어 2대 통과 최소 폭은 180㎝
휠체어와 보행자의 교차	보행자가 옆으로 비켜선 경우에는 120㎝, 보행자가 지나갈 때는 135㎝ 정도
휠체어와 클러치 장애인의 교차	180㎝ 정도의 폭
휠체어 자체 회전 시 최소 폭	150㎝X150㎝, 또는 135㎝X160㎝ 정도
양측 클러치 사용자의 수평이동 폭	90㎝ 정도

출처: 안옥희 외(2002), 개정 주거인간공학, p.230, 기문당.

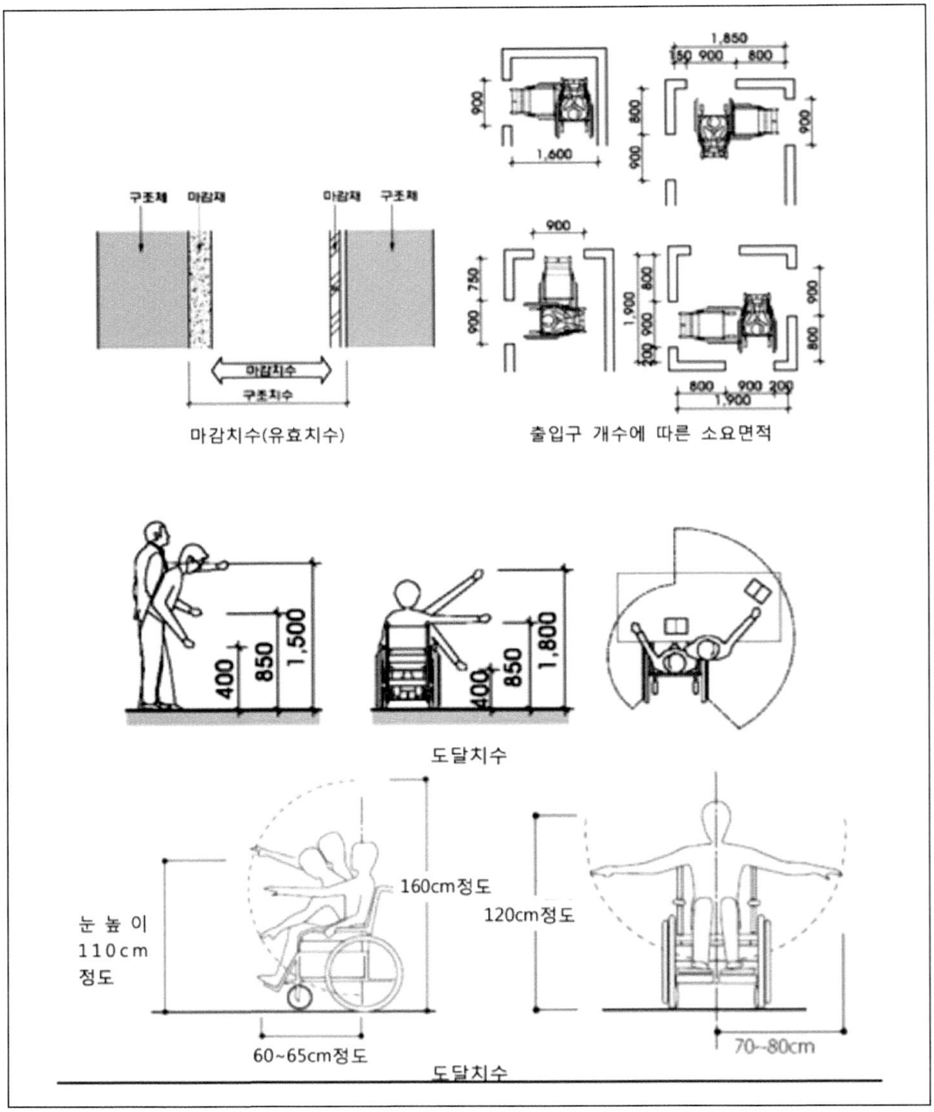

출처: 국토교통부 · 한국장애인개발원(2019), 장애인 편의시설 상세표준도.

그림 7-4 ▌ 휠체어 사용자의 동작치수 체계

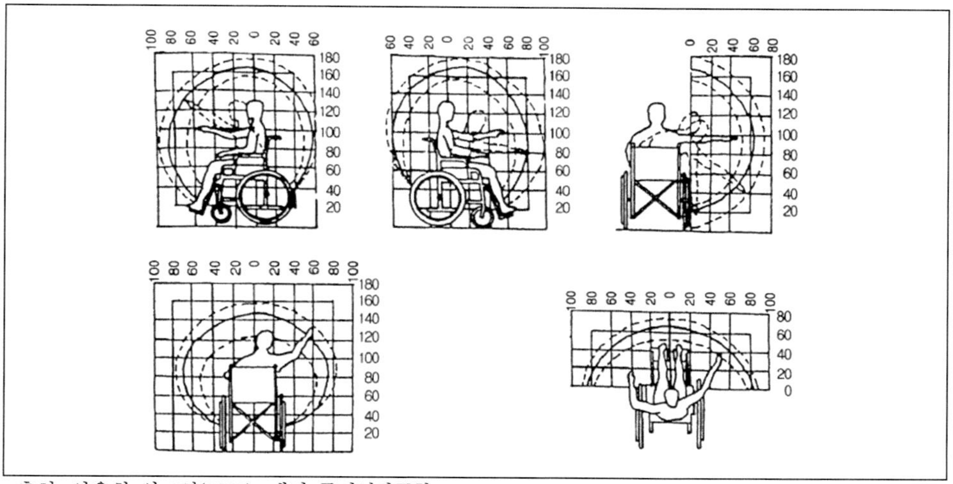

출처: 안옥희 외 2인(2002), 개정 주거인간공학, p.232.

그림 7-5 ▌ 휠체어 사용자의 동작공간

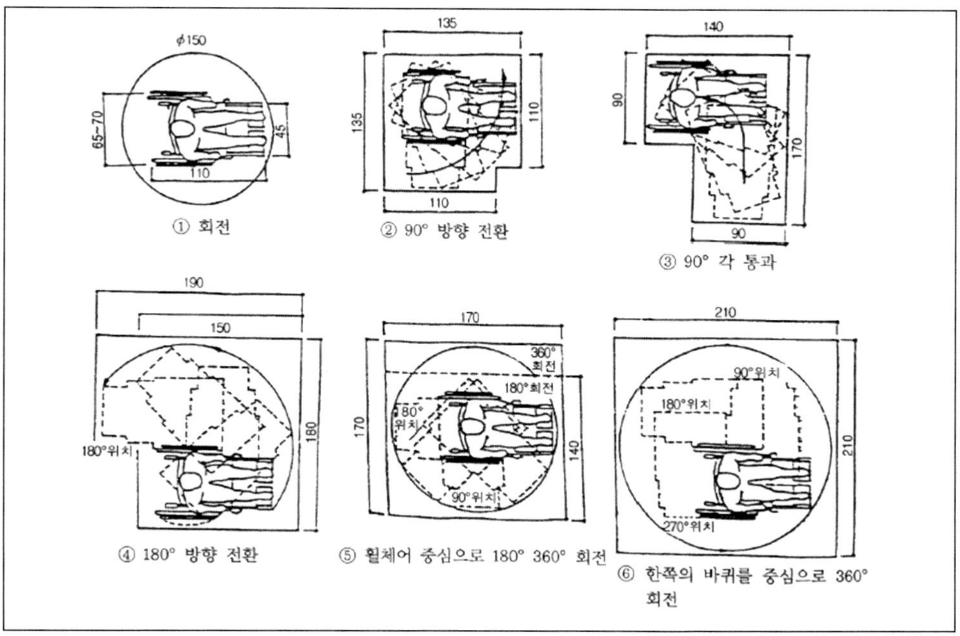

출처: 안옥희 외 2인(2002), 개정 주거인간공학, p.232.

그림 7-6 ▌ 휠체어 회전상태의 동작공간

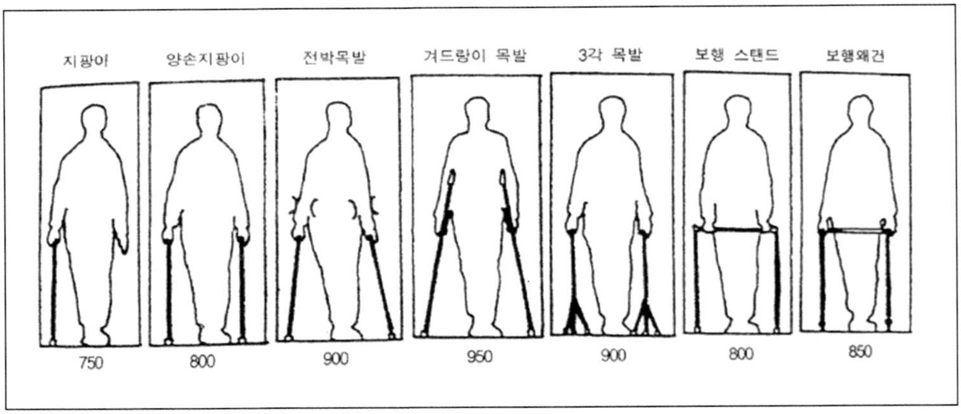

출처: 안옥희 외 2인(2002), 개정 주거인간공학, p.231.

그림 7-7 ▌ 클러치 사용 시의 고요 폭

장애인 공간을 계획 시 고려해야 할 사항은 다음과 같다.[6)]

① 접근로

휠체어 사용자가 통행할 수 있도록 접근로의 유효폭은 1.2m 이상으로 하고, 다른 휠체어 또는 유모차 등과 교행할 수 있도록 50m마다 1.5m×1.5m 이상의 교행구역을 설치하는 것이 좋다.

접근로의 기울기는 18분의 1 이하로 하고, 주접근로에 단차는 2㎝ 이하로 한다. 접근로의 바닥표면은 미끄러지지 아니하는 재질로 평탄하게 마감하고, 블록 등으로 접근로를 포장할 때는 이음새의 틈이 벌어지지 않도록 하고 장애인들이 빠질 위험이 있는 곳에는 덮개를 설치한다.

② 출입구

출입구의 통과유효폭은 0.9m 이상으로 하고, 전면 유효거리는 1.2m 이상으

6) ①~⑦은 〈장애인·노인·임산부 등의 편의증진 보장에 관한 법률 시행규칙〉 별표 1의 내용을 부분적으로 발췌했음.

로 한다. 자동문이 아니면 출입문 옆에 0.6m 이상의 활동공간을 확보하여야 한다.

출입구 바닥면에는 문턱이나 높이 차이가 없도록 한다.

출입문은 회전문을 제외한 다른 형태의 문을 설치하여야 한다. 미닫이문은 가벼운 재질로 하며, 턱이 있는 문지방이나 홈을 설치하면 안 된다. 여닫이문에 도어체크를 설치할 때는 문이 닫히는 시간이 3초 이상 충분하게 확보되도록 하여야 한다. 자동문은 문의 개방시간을 충분히 확보하고, 개폐기의 작동장치는 되도록 감지범위를 넓게 한다.

출입문의 손잡이는 중앙지점이 바닥면으로부터 0.8m와 0.9m 사이에 설치하고, 그 형태는 레버형이나 수평 또는 수직막대형으로 한다.

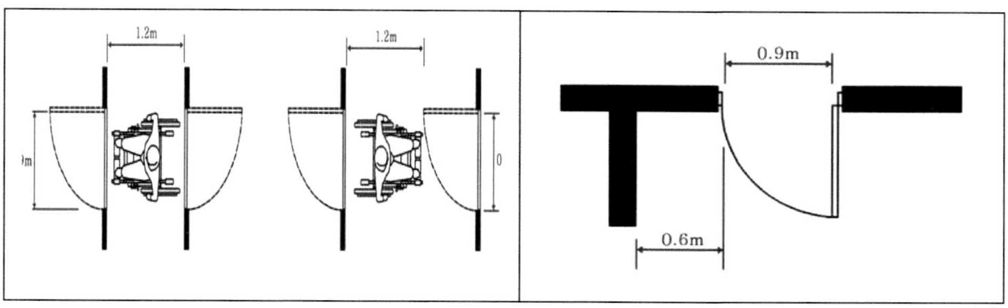

그림 7-8 ▌ 출입구

③ 복도 및 통로

복도의 유효폭은 1.2m 이상으로 하되, 복도의 양옆에 거실이 있으면 1.5m 이상으로 할 수 있다.

복도의 바닥면에는 단차가 없어야 하며, 부득이한 경우에는 경사로를 설치한다. 바닥표면은 미끄럽지 않은 재질로 평탄하게 마감하고, 넘어졌을 경우 되도록 충격이 적은 재료를 사용한다.

복도 측벽에 손잡이를 설치할 때는 바닥면으로부터 0.8m 이상 0.9m 이하에 설치하고, 이중 설치의 경우에는 위쪽 손잡이는 0.85m 내외, 아래쪽 손잡이는 0.65m 내외로 한다. 벽과 손잡이의 간격은 5㎝ 내외로 한다. 손잡이의 지름은 3.2㎝ 이상 3.8㎝ 이하로 한다.

휠체어 사용자의 안전을 위하여 복도의 벽면에는 바닥면으로부터 0.15m에서 0.35m까지 킥플레이트를 설치하는 것이 좋으며, 복도의 모서리 부분은 둥글게 마감하는 것이 좋다.

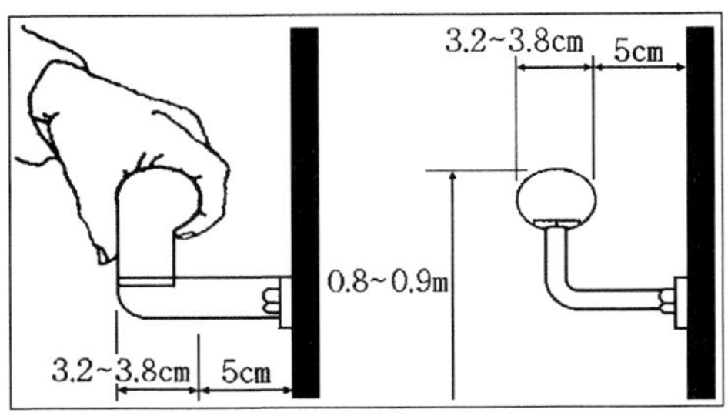

그림 7-9 ▌ 손잡이

④ 계단

계단은 직선 또는 꺾임형태가 좋으며, 계단 및 참의 유효폭은 1.2m 이상하며, 건축물의 옥외피난 계단은 0.9m 이상으로 할 수 있다.

계단에는 챌면을 반드시 설치하고, 디딤판의 너비는 0.28m 이상, 챌면의 높이는 0.18m 이하로 하되, 같은 계단(참을 설치할 때는 참까지의 계단을 말한다)에서 디딤판의 너비와 챌면의 높이는 균일하게 한다.

디딤판의 끝부분이 발끝이나 목발의 끝이 걸리지 아니하도록 챌면의 기울기는 디딤판의 수평면으로부터 60도 이상으로 하여야 하며, 계단코는 3㎝ 이상 돌출하면 안 된다.

계단의 양 측면에는 손잡이를 연속하여 설치하며, 경사면에 설치된 손잡이의 끝부분에는 0.3m 이상의 수평손잡이를 설치한다.

계단의 바닥표면은 미끄럽지 않은 재질로 평탄하게 마감하고, 계단코에는 줄눈넣기를 하거나 경질 고무류 등의 미끄럼방지재로 마감한다.

⑤ 화장실

화장실의 바닥면은 단차가 있으면 안 되며, 바닥표면은 물에 젖어도 미끄러지지 아니하는 재질로 마감한다.

출입문의 통과유효폭은 0.9m 이상으로 하고, 출입문의 형태는 자동문, 미닫이문 또는 접이문 등으로 할 수 있으며, 여닫이문을 설치할 때는 바깥쪽으로 개폐되도록 하여야 한다.

대변기의 유효바닥면적이 폭 1.6m 이상, 깊이 2.0m 이상이 되도록 설치하고, 대변기의 좌측 또는 우측에는 휠체어의 측면접근을 위하여 유효폭 0.75m 이상의 활동공간을 확보한다. 이때 대변기의 전면에는 휠체어가 회전할 수 있도록 1.4m×1.4m 이상의 활동공간을 확보하여야 한다.

대변기는 등받이가 있는 양변기로 하되, 바닥부착형인 경우에는 변기 전면의 트랩 부분에 휠체어의 발판이 닿지 아니하는 형태로 한다. 대변기의 좌대 높이는 바닥면으로부터 0.4m 이상 0.45m 이하로 한다.

대변기의 양옆에는 수평 및 수직손잡이를 설치하되, 수평손잡이는 양쪽에 모두 설치하여야 하며, 수직손잡이는 한쪽에만 설치할 수 있다. 수평손잡이는 바닥면으로부터 0.6m 이상 0.7m 이하의 높이에 설치하되, 한쪽 손잡이는 변기 중심에서 0.4m 이내의 지점에 고정하여 설치하여야 하며, 다른 쪽 손잡이는 0.6m 내외의 길이로 회전식으로 설치한다. 이때 손잡이 간의 간격은 0.7m 내외로 할 수 있다. 수직손잡이의 길이는 0.9m 이상으로 하되, 손잡이의 제일 아랫부분이 바닥면으로부터 0.6m 내외의 높이에 오도록 벽에 고정하여 설치한다.

화장실의 크기가 2m×2m 이상이면 천장에 부착된 사다리형태의 손잡이를 설치할 수 있다. 세정장치·휴지걸이 등은 대변기에 앉은 상태에서 이용할 수 있는 위치에 설치한다.

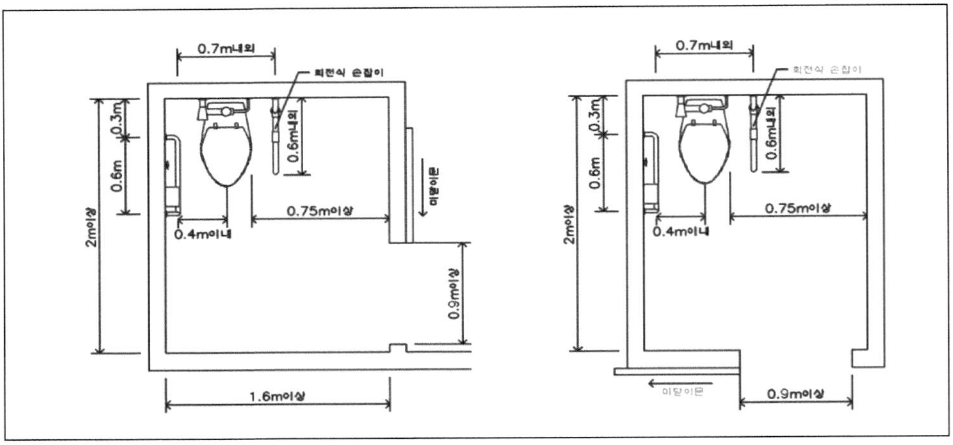

그림 7-10 ▌ 장애인 등의 이용이 가능한 화장실(신축건물)

⑥ 세면대

휠체어사용자용 세면대의 상단 높이는 바닥면으로부터 0.85m, 하단 높이는 0.65m 이상으로 한다. 세면대의 하부는 무릎 및 휠체어의 발판이 들어갈 수 있도록 한다.

휠체어사용자용 세면대의 거울은 세로 0.65m 이상, 하단 높이는 바닥면으로부터 0.9m 내외로 설치할 수 있으며, 거울상단은 15도 정도 앞으로 경사지게 하거나 전면거울을 설치할 수 있다.

⑦ 욕실

출입문의 형태는 미닫이문 또는 접이문으로 하고, 욕조의 전면에는 휠체어를 탄 채 접근이 가능한 활동공간을 확보한다.

욕조의 높이는 바닥면으로부터 0.4m 이상 0.45m 이하로 하며, 바닥면의 기울기는 30분의 1 이하로 한다. 욕실과 욕조의 바닥표면은 물에 젖어도 미끄러지지 아니하는 재질로 마감한다.

욕조 주위에는 수평 및 수직손잡이를 설치하고, 수도꼭지는 광감지식·누름버튼식·레버식 등 사용하기 쉬운 형태로 설치한다. 욕조에는 휠체어에서 옮겨 앉을 수 있는 좌대를 욕조와 같은 높이로 설치할 수 있다. 그리고 욕조로부터 손이 쉽게 닿는 위치에 비상용 벨을 설치하여야 한다.

샤워기는 앉은 채 손이 도달할 수 있는 위치에 레버식 등 사용하기 쉬운 형태로 설치하여야 한다.

⑧ 부엌

부엌에서의 작업 순서는 장애인과 비장애인 사이에 차이가 없으나 작업시간에는 상당한 차이가 생긴다. 지체장애인이면 가사작업공간에서의 동선이 단절되지 않도록 계획해야 한다.

휠체어사용자는 손이 닿는 범위가 좁으므로 너무 높거나 낮은 작업대는 사용하기 힘들다. 그러므로 작업대의 높이는 75~85cm가 적당하다. 또한 휠체어 사용자는 카운터나 책상면 아래에 무릎이 들어갈 만큼의 여유(clearance)가 필요하므로 바닥에서 작업면 밑까지의 높이가 60~65cm는 되어야 한다. 또한 부엌 설치물에는 휠체어의 통행을 위해 높이가 적당하고 깊은 발끝 공간(toe recess)을 두어야 한다. 대체로 20cm 높이에 15cm 깊이의 공간이 제공되는 것이 좋다.

평면 작업영역의 최대치는 80cm이나 작업의 효율과 능률을 고려하여 60cm로 하는 것이 좋다. 수납장의 높이는 60~110cm가 적당하며 모서리 부분은 팔동작에 한계가 있으므로 회전식 서랍으로 하는 것이 좋다. 그리고 상판의 앞 가장자리는 둥글게 하여 피부를 손상하지 않게 하며 상부 수납장의 문은 미닫이식이 좋다. 휠체어는 옆으로 움직일 수 없다는 사실을 고려하여 작업대를 배치해야 하므로 부엌의 평면계획은 작업대의 배치유형에 따라 특징이 달라진다.

표 7-18 ▌ 장애인주택의 부엌유형과 특징

유형	특징
일자형 (一자형)	• 부엌면적을 최소화할 수 있으나 휠체어 사용자의 요구 수평면적이 부족하여질 우려가 있음 • 100㎝ 정도의 폭으로 회전 및 이동을 할 수 있으므로 소규모 부엌에 적당함
병렬형 (二자형)	• 부엌의 폭은 최저 260㎝이어야 함 • 창과 문을 여닫기 쉬움
L자형	• 바닥면적이 병렬형보다 15~18% 넓어짐 • 부엌 내부에 식사공간을 설치할 때 유리함 • 싱크대와 조리대 부분의 오픈스페이스를 고려하면 접근할 수 있음
U자형	• 장애인주택의 부엌유형으로 가장 단점이 적음 • 바닥면적이 병렬형보다 17% 정도, L자형보다 28% 정도 절약됨 • 휠체어 사용자에게는 창을 개폐하기 위한 보조장치가 필요함

출처: 안옥희 외(2002), 개정 주거인간공학, 기문당, p.243을 수정함

⑨ 침실

장애인은 침대 사용이 이불 사용보다 좋다. 중증장애인은 침대 머리쪽만 벽에 붙여 3면에서 돌보미가 접근할 수 있도록 한다. 침대높이는 휠체어의 좌석높이(약 48㎝)로 하여 이동이 편리하게 한다.

침실에서는 휠체어의 회전공간(지름 150㎝), 실내의 통로 폭(140㎝), 출입문의 유효폭(90㎝)을 확보한다.

침실의 위치는 거실과 독립되는 것이 좋으나, 주부가 지체장애인이면 침실과 거실을 같이 사용해도 된다. 화장실까지의 거리는 최대 9m로 한다.

침실의 출입이나 이동이 쉽도록 가구배치를 하고 면적을 확보하고, 필요한 곳에는 손잡이를 부착한다. 그리고 조명스위치나 온도조절기는 누워서도 조작할 수 있는 위치와 형태로 설치한다.

3. 농어촌가구를 위한 주거서비스

1) 농어촌과 농어촌주거의 특성

농촌은 읍·면의 지역, 또는 이 외의 지역 중 그 지역의 농업, 농업 관련 산업, 농업인구 및 생활여건 등을 고려하여 농림축산식품부장관이 고시하는 지역이다.[7)]

어촌은 하천·호수 또는 바다에 인접하여 있거나 어항의 배후에 있는 지역 중 주로 수산업으로 생활하는 읍·면의 지역, 또는 동의 지역 중 〈국토의 계획 및 이용에 관한 법률〉 제36조 제1항 제1호에 따라 지정된 상업지역 및 공업지역을 제외한 지역이다.[8)]

농어촌 지역의 인구는 산업화 이후 지속해서 감소해왔으나 2015년 이후 증가 추세로 바뀌었다. 그 결과 전국 인구에서 농어촌 지역 인구가 차지하는 비중이 2018년 18.8%(971만 명)로 2010년 18.0%(876만 명)에 비해 0.8%P 증가하였다. 인구이동을 보면, 도시(동 지역)에서 농어촌(읍면 지역)으로 이동하는 인구가 반대 방향의 이동 인구보다 더 많았다.

---

7) 농업·농촌 및 식품산업 기본법.
8) 수산업·어촌 발전 기본법.

표 7-19 ▌ 도·농간 인구이동 변화

구분	2010년	2012년	2014년	2016년	2018년
총 이동인구	8,226,594	7,506,693	7,629,098	7,378,430	7,297,099
도시→농어촌(A)	929,125 11.3%	795,618 10.6%	819,543 10.7%	822,271 11.1%	756,998 10.8%
농어촌→도시(B)	829,814 10.1%	756,773 10.2%	750,662 9.8%	707,902 9.6%	741,380 10.2%
농어촌지역 순유입(A–B)	96,311	29,845	68,881	114,369	45,618

출처: 통계청(2020). 국내 이동통계 원자료

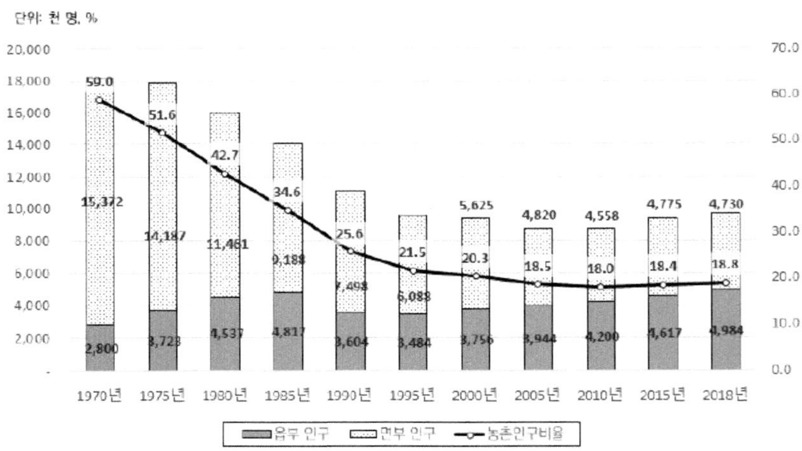

그림 7-11 ▌ 한국 농어촌 지역 인구 변화(1970~2018년)

출처: 통계청(2020). 인구총조사.

통계청이 발표한 '통계로 본 농업의 구조변화'에 따르면 농가의 65세 이상 고령인구 비율은 1970년 4.9%에서 2019년은 41.7% 증가한 46.6%로 나타났다. 유소년 인구 100명당 고령인구를 뜻하는 농가 노령화 지수는 1970년 11.4명에서 2019년 1천 73.3명으로 큰 폭으로 증가하였다. 연령별로 보면 농가 인구는 지난 50년간 15~19세(−15.9%), 30대(−15.6%), 20대(−12.2%), 40대(−9.8%)에서 감소했지만, 70대 이상(29.9%)과 60대(19.5%)에서는 많이 증가한 것을 알 수 있다. 이것은 젊은 층이 취업 등을 위해 도시로 유출되면서 농가 노령화 추세가 증가한 것으로 보인다.

급격한 경제적 성장과 과학기술의 발달로 인해 평균수명이 증가하고 그 결과 전체인구 가운데 노인인구가 차지하는 비율이 증가하였다. 그뿐만 아니라 농촌에서는 젊은 인력이 직장과 교육의 기회를 찾아 도시로 주거를 옮기는 이촌향도 현상이 두드러지게 나타남에 따라 시간이 지날수록, 전체적인 노인인구 비율이 증가하고 도시지역보다 농촌지역에서 65세 이상 노인인구가 차지하는 비율이 더 많이 증가하고 있다.

농어촌지역에 사는 노인은 단독주택 거주가 많으며, 도시지역 노인가구에 비해 자가거주 비율이 높다. 이는 도시와 농촌의 주택가격이 중요한 요인으로 작용한다. 평균거주기간은 농촌노인가구는 23.6년이며, 25년 이상 거주하는 비율도 높다. 그리고 농촌과 노인이라는 특수성에 기인하는 낮은 경제적 수준으로 인해 주택개조가 어려워, 노후주택에 거주하는 농촌노인가구의 비율이 증가하고 있다. 농촌지역의 자가소유 일반가구의 평균 주거면적은 82.3㎡, 1인당 주거면적은 40.05㎡, 가구원 수는 2.3명이며, 농촌지역의 저소득노인가구 평균 주거면적은 61.0㎡, 1인당 주거면적은 50.08㎡, 가구원 수는 1.4명이다.

농어촌지역은 응급상황에 신속하게 대처할 수 있는 토지이용 체계가 열악하며, 노인복지시설 또한 절대량이 부족하고, 시설 또한 매우 취약하다. 따라서 농어촌노인의 주거보장과 노인복지시설 등을 고려하여 주거복지계획을 수립할 필요가 있다.

한편, 농어촌지역의 빈집 문제가 심각하다. 빈집은 지자체장이 거주 또는 사용여부를 확인한 날부터 1년 이상 아무도 거주하기 아니하거나 사용하지 아니하는 농어촌주택이나 건축물(농어촌정비법 제2조)이다. 우리나라의 빈집은 도시지역과 농어촌지역에 모두 적용되고 있으며, 특히 농촌지역의 경우 인구의 자연 감소와 인구 유출이 동시에 발생하는 경우가 많아 빈집 수가 증가하며,

이런 인구감소 및 빈집 증가는 지역의 위축을 야기하고 있다.

2) 농어촌가구를 위한 주거서비스

우리나라의 농촌 주거환경개선사업은 1958년 커뮤니티 개발사업의 생활환경 개선사업, 1971년 새마을운동의 하나로 추진된 농촌지붕개선사업, 1976년 농어촌주거환경개선사업인 농어촌주택개량 및 마을구조 개선, 불량화장실 개량사업 등을 시작으로 볼 수 있다. 1970년대와 80년대는 개별주택 개선에 초점이 맞춰져 있었으나 1990년대를 거쳐 2000년대에 들어서면서 농촌개발 관련 사업으로 마을단위 개선사업에 중점을 두고 있다.

표 7-20 ▌ 노후 · 불량 농어촌주택

장기간 독립된 주거생활을 할 수 있는 구조로 된 농어촌주택으로서 다음 각 목의 주택을 말한다.[9] 가. 슬레이트가 사용된 농어촌주택 나. 건축물이 훼손되거나 일부가 멸실되어 붕괴 및 그 밖의 안전사고의 우려가 있는 농어촌주택 다. 건축물의 기능적 결함, 부실시공 또는 노후화로 인한 구조적 결함 등으로 철거가 불가피한 농어촌주택 라. 시장, 군수, 광역시의 자치구 구청장(이하 "시장 · 군수 · 구청장"이라 한다)이 거주 또는 사용 여부를 확인한 날부터 1년 이상 아무도 거주하지 아니하거나 사용하지 아니하는 농어촌주택

출처: 농어촌마을 주거환경 개선 및 리모델링 촉진을 위한 특별법 제2조.

농촌지역 취약계층의 열악한 주거환경 개선을 위해 진행되는 사업은 크게 3가지로 구분할 수 있다.

첫째, 농촌지역개발사업과 관련한 주거환경개선사업이다. 농촌주거환경개선, 생활환경정비, 마을리모델링 등의 사업들을 통해서 농촌지역의 주거환경 개선을 지원하고 있다. 이런 사업들은 주로 개별주택 대상이 아닌 마을 하나의

---

9) 농어촌마을 주거환경 개선 및 리모델링 촉진을 위한 특별법.

사업단위이다. 개별주택의 지붕개량 등에 대한 지원이 이루어지는 농어촌 취약지역 생활여건 개조사업의 경우도 사업 실행단위는 마을로서 마을 내 노후화주택 비율 등이 신청기준이 된다.

둘째, 주거취약계층 주택 개보수사업이다. 이 사업은 2010년 국토해양부에서 시작되었는데, 사회취약계층의 주택을 대상으로 한 첫 사업이었다. 사업내용은 자가주택을 소유한 기초생활보장 수급자를 대상으로 주택개보수를 위해 비용을 지원하는 것으로서 직접적으로 개별주택을 지원하는 제도이다. 현재는 국토교통부가 주관하고 한국토지주택개발공사가 시행하고 있다. 개보수 내용은 구조적인 안전이 허용되는 범위 내에서의 주택의 거의 모든 부분에 해당한다.

셋째, 열악한 주거환경을 개선하기 위해 다양한 단체들에서 이루어지는 활동이다. 이는 취약계층에 대한 정부의 직접적인 지원이 아니라 시민단체 및 비영리기관 등의 활동으로 이루어지는 간접방식이라 볼 수 있다.[10)]

2020년 보건복지부의 복지서비스는 크게 두 가지가 있다.

먼저 '농어촌 장애인 주택개조'로 농어촌에 거주하는 등록장애인인 주거약자로서 자가 소유자 및 임대주택 거주자를 대상으로 화장실 개조, 보조손잡이 설치, 문턱 낮추기, 싱크대 높이 조절, 주출입구 접근로(마당포장), 경사로 설치 등 주택 내 편의시설·안전장치 설치가 지원된다.

'농촌주택 개량사업'은 농촌지역 노후·불량주택 소유자(1주택자), 농촌지역 거주 무주택자, 귀농·귀촌자(무주택자 또는 1주택자)를 대상으로 주택의 신축, 리모델링, 토지구입비용 등의 사업비를 대출할 수 있거나 1년 거치 후 19년 분할상환 또는 3년 거치 후 17년 분할상환, 주 건축물(주택)과 부속건축물(창고, 차고 등)의 연면적 합계가 150㎡ 미만인 주거용 건축물에 대해 세금 및 수수료 감면의 서비스가 제공된다.[11)]

---

10) 김승근, 변경화(2019), 농촌지역 취약계층의 주택수선 현황, 한국농촌건축학회논문집, 21(2), 1–10.

그리고 국토교통부에서 '도시재생 뉴딜사업'을 시행하고 있다. 기존의 도시 및 주거환경 정비사업 영역을 포함하되 기존의 물리적 정비차원 뿐만 아니라 쇠퇴한 도시환경의 노후화된 기반시설(인프라)을 재정비해 지역특성에 맞게 경제적, 사회적, 문화적, 환경적으로 도시를 부흥시키기 위한 사업으로 동네를 완전히 철거하는 재건축·재개발의 도시 정비사업과 달리 기존 도심환경을 개선하려는 사업을 말한다. 이 사업의 하나로 2020년부터 '빈집 특화재생 시범사업'을 추진해 빈집 정비모델을 확산하기로 하였는데 도심과 농어촌지역을 모두 포함하여 빈집이 밀집된 지역을 주거환경개선사업 등으로 거점개발하고, 그 인근을 도시재생뉴딜사업으로 재생하는 사업을 말한다. 정부는 도시의 경우 2021년, 농어촌은 2022년까지 빈집 실태조사를 마무리하여 지자체가 빈집 정비계획을 세워 추진하면 지자체 빈집이나 토지는 정부가 LH를 통해 우선 매입해 '빈집 비축사업'을 병행하는 방식이다. 농어촌 빈집에 살지 않더라도 숙박업으로 활용 가능한 사업 모델을 개발하고, 빈집상담원 제도를 2022년까지 도입해 지원할 계획이다. 또한 농어촌 빈집 활용을 위해 정부는 농어촌 빈집과 폐건물, 폐공장 등을 창업공간, 교육·문화·돌봄 등 서비스 제공 공간으로 조성 시 리모델링·건축 비용으로 지원할 방침이다. 또 빈집을 귀농인 주거시설로 활용 시 현재 지급하고 있는 주택조성 비용에 더해 철거비용까지 지급할 계획이다.

3) 농어촌가구를 위한 공간디자인

우리나라에서는 농어촌 주거개선을 위해 농림축산식품부와 한국농어촌공사에서 농촌주택 표준설계도를 제공하고 있다. 자연경관과 조화를 이루고 변화

---

11) 2020 나에게 힘이 되는 복지서비스, 보건복지부, 사회보장정보원.

된 농촌 주거생활을 반영한 다양한 농촌주택 모델을 개발하여 농어민 및 도시민에게 양질의 주택을 신축할 수 있도록 지원하고 있다. 표준설계도는 홈페이지를 통해 받을 수 있다.

농촌주택 표준설계도는 농림(개별기관)-14(개발연도)-13(주택규모)-가(분류번호)로 유형이 구분되어 있으며, 주택면적에 따라 65㎡ 미만, 65㎡~85㎡ 미만, 85㎡~100㎡ 미만, 100㎡ 이상으로 선택할 수 있고, 주택유형에 따라 목조, 철근콘크리트, 철골조, 조적조, 기타 등으로 분류되어 있다.[12)]

표 7-21 ▌ 농림-14-27-나-1 유형의 설계이미지

[2014] 농림-14-27-나-1

농촌주택 표준설계도는 2009년 이후 2014년까지 평면도가 단순해졌다. 특히 2009년에는 2세대주택이, 2014년에는 가족 수 감소를 고려해 소규모주택이 많이 개발되었다. 또 안방의 넓이와 침실개수 등은 인구감소와 농촌의 거주환경 변화로 인해 방의 개수와 넓이가 작아지는 경향을 보였으며, 안방의 프라이버시가 2009년에 비해 낮아진 것으로 나타났다.

농어촌 장애인의 생활실태를 살펴보면, 농어촌과 도시지역의 장애정도는 비슷한 분포를 보였으나, 농어촌거주 장애인 중 중증장애인의 비중이 도시거주

12)농촌주택표준설계자료(http://www.returnfarm.com/cmn/returnFarm/module/fmlglhmSnsc/fmlglhmSnscList.do), 귀농귀촌종합센터.

장애인보다 높게 나타났다. 또한 장애기간이 도시거주 장애인보다 2.3년 더 길게 나타난 것으로 보아 농어촌거주 장애인의 연령이 도시 거주 장애인보다 높은 것으로 판단된다.13) 이는 농어촌 장애인 주택개조에 노력해야 함을 알 수 있다.

한편, 농어촌지역은 도시지역보다 고령화율이 높으므로 공간디자인에 있어서 노인에 대한 배려가 필요하다.

첫째, 고령자의 안전과 편리성을 고려한 현관계획이 이루어져야 한다. 눈, 비로 인한 계단 및 현관진입부분의 미끄럼 방지 및 사고예방을 위해 현관진입부분을 내부화하거나, 처마길이를 충분히 확장하여 미끄럼 방지용 바닥재료를 사용해야 한다. 또 현관면적 및 현관 수납장의 확대 계획도 필요하다. 특히 도시 아파트의 현관 수납장이 신발, 운동기구, 간단한 연장 등을 수납할 수 있도록 내부계획이 구체적이며 실용적으로 변화된 것과 마찬가지로 농촌고령자 주택의 현관 수납장은 신발과 함께 출입 시 간편하게 사용할 수 있도록 농사에 필요한 간단한 도구, 관련 물품 등을 수납할 수 있도록 계획되어야 한다.

둘째, 욕실계획은 고령거주자의 공간사용 행태와 신체적 특수성이 반영되어야 한다. 욕조는 사용하지 않으며 앉은 자세의 샤워 행태를 선호하기 때문에 편하게 앉아서 샤워하는 공간을 제공해야 한다. 또한 고령거주자가 주로 사용하는 침실은 장애물 없이 직접 연결되는 욕실계획이 필요하다. 고령자가 주로 머무르는 공간으로부터 욕실 접근성은 필수적이며 주택계획에 있어서 거실용 욕실계획보다 안방용 욕실계획이 중요하게 다루어져야 할 필요가 있다.

셋째, 거실과 부엌 및 식당 공간을 시각적 또는 물리적으로 분리하는 계획에 대한 검토가 이루어져야 한다. 표준설계도의 주택사례를 통해서 보면, LDK 배치계획보다는 L+DK를 선호하며 LDK의 경우도 부엌에서 거실이 바로 보이

13) 김태완 외 12인(2009), 농어촌의 보건복지수준에 대한 실태조사 연구, 보건복지부, 한국보건사회연구원, p.28.

지 않는 계획을 선호하는 것으로 나타났다. 그러나 각 공간의 시각적 접근성은 노인에게는 매우 중요한 요소이기 때문에 따라서 획일적인 공간의 분리뿐 아니라 시각적, 물리적 차단의 가능성을 표준설계도로 제시해야 한다.

넷째, 가구원 수에 근거한 수납면적 제공보다는 평균적으로 거주자가 보유한 물품과 요구에 근거한 수납면적이 제공되어야 하며 단일한 수납공간을 제공하기보다는 내부의 각 공간과 연결되는 개별적인 수납공간을 제공하여 사용성과 편리성이 강화될 수 있는 방향으로 계획되어야 한다.

다섯째, 농어촌 지역의 거주자들은 주로 생산활동에 종사하고 있으므로 이와 관련한 다양한 활동 및 물품, 재료, 도구를 보유하고 있어 이것을 분리, 보관할 수 있는 행태적 특성에 근거한 창고가 계획되어야 한다. 이 밖에 사용자의 신체적 노화를 보완할 수 있는 출입문의 확장 및 본체에 대한 접근성, 자동차의 접근성 등에 대한 고려도 함께 이루어져야 한다.

4. 청년과 신혼부부를 위한 주거서비스

1) 청년과 신혼부부의 주거실태

청년은 신체적 · 정신적으로 한창 성장하거나 무르익은 시기에 있는 사람[14]을 칭한다. 통계청은 만 15~29세, 2013년 출범한 청년위원회는 만 20세~39세, 청년기본법에서는 만 19세~34세를 청년으로 보고 있다.

일반적으로 청년은 아동이나 청소년 시기를 거쳐 성인기로 넘어가는 전환기, 또는 성인이나 어른의 출발 시기를 의미한다. 즉 학교에서 노동시장으로의

14) 표준국어대사전.

이행기로서, 독립 · 취업 · 직장생활 · 결혼 등을 통해 새로운 사회관계를 형성하는 시기라는 것을 강조하였다.15)

청년기본법에서는 청년은 자기 의사를 자유롭게 밝히고 스스로 결정할 권리를 가지며, 인종 · 종교 · 성별 · 나이 · 학력 · 신체조건 등에 따른 어떠한 종류의 차별도 받지 않으며, 사회의 정당한 구성원으로서 국가 · 사회의 의사결정에 참여할 권리를 가진다. 그리고 청년은 자신의 능력을 개발하고 건전한 가치관을 확립하며 가정 · 사회 및 국가의 구성원의 책임을 다하도록 노력하여야 한다고 명시하고 있다(청년기본법 제5조).

청년은 심리적으로는 독립했다고 생각하나 실질적으로 경제적 독립을 했다고 보기 힘들다. 보호자의 집에서 수동적으로 머물거나, 보호자의 지원으로 반독립적인 공간에서 생활하거나, 경제적으로 독립적이라 할지라도 고시원 등과 같이 쾌적하다고 볼 수 없는 주거환경에서 생활하는 경우가 많다. 또한 같은 청년세대일지라도 대학생, 사회초년생, 신혼부부 등 그들의 상황이 다양하므로 각 상황에 맞는 주거가 필요하다.

청년가구는 가구주의 연령이 만 20~34세인 가구이다. 청년가구는 1인 가구(59.2%)가 많고 대부분 임차가구(77.4%)이며, 일반가구(자가 58.0%, 임차 38.1%, 무상 3.9%)와 비교했을 때, 임차가구가 많다. 2019 청년 임차가구의 RIR은 17.7%로 2018년(20.1%) 대비 감소하였다. 수도권 거주 청년 임차가구의 RIR도 2018년 대비 소폭 감소(20.8→19.3%)하는 등 주거비 부담이 다소 완화되었다. 2019년 청년 최저주거기준 미달가구의 비율(9.4→9.0%) 및 지하 · 반지하 · 옥탑 거주 가구 비중(2.4→1.9%)이 많이 감소하였고, 1인당 주거면적(27.3→27.9㎡)이 증가하는 등 주거수준이 향상되었다. 청년 대상으로 가장 필요한 주거지원으로는 '전세자금 대출지원(39.0%)', '주택 구입자금 대출지원(24.2%)', '월세보

15) 국가인권위원회(2019), 빈곤청년 인권상황 실태조사.

조금 지원(16.3%)' 순이다.16)

표 7-22 ▌ 청년가구 주거실태

구분	주거안정성(%)				주거비		주거수준			정책수요(%)	
	자가	전세	월세	무상	임차 RIR	자가 PIR	최저주거 미달가구	지하·옥탑	1인당 면적	1위	2위
청년	17.2	27.2	50.2	5.3	17.7%	5.0배	9.0%	1.9%	27.9㎡	전세대출 (39.0)	구입자금 (24.2)
일반	58.0	15.1	23.0	3.9	16.1%	5.4배	5.3%	1.3%	32.9㎡	구입자금 (31.2)	전세대출 (23.5)

출처: 국토부(2020), 2019 인구주택총조사.

신혼부부가구란 혼인한 지 7년 이하이면서, 여성배우자 연령이 만 49세 이하인 가구를 말한다. 2019년 신혼부부가구는 자가거주(49.3%)가 절반 정도이며, 자가점유율(50.7→49.3%) 및 자가보유율(53.9→52.8%)은 2018년에 비해 2019년 소폭 감소하였다. 임차가구의 RIR은 전년 대비 소폭 상승(19.2→20.2%)하였으나, 임대료 및 대출금 상환이 부담된다고 응답한 비중은 감소(81.8→77.9%)하였고, 자가가구 PIR은 전년 대비 감소(5.3→5.2)하였다. 최저주거기준 미달가구 비중(3.9%)은 일반가구(5.3%) 대비 낮은 편이며, 1인당 주거면적은 24.6㎡로 일반가구(32.9㎡)에 비해 작은 편으로 나타났는데, 이는 신혼부부 평균 가구원 수가 상대적으로 많기 때문이다(신혼부부 2.99명, 일반 2.43명). 신혼부부가구에게 가장 필요한 주거지원은 '주택 구입자금 대출지원(47.1%)', '전세자금 대출지원(28.0%)' 등이다.

한편, 가족계획 시 중요하게 고려하는 사항으로는 '주택마련 등 주거문제(37.6%)', '자녀 양육비용 및 교육비용(25.8%)' 순이다.

16) 국토부(2020), 2019 인구주택총조사.

표 7-23 ▌ 신혼부부가구 주거실태

구분	주거안정성(%)				주거비		주거수준		정책수요(%)	
	자가	전세	월세	무상	임차 RIR	자가 PIR	최저주거미달가구	1인당 면적	1위	2위
신혼부부	49.3	31.6	15.0	4.1	20.2%	5.2배	3.9%	24.6㎡	구입자금 (47.1)	전세대출 (28.0)
일반	58.0	15.1	23.0	3.9	16.1%	5.4배	5.3%	32.9㎡	구입자금 (31.2)	전세대출 (23.5)

출처: 국토부(2020), 2019 인구주택총조사

2) 청년을 위한 주거서비스

(1) 행복주택

행복주택은 국가나 지방자치단체의 재정이나 주택도시기금의 자금을 지원받아 대학생, 사회초년생, 신혼부부 등 젊은 층의 주거안정을 목적으로 공급하는 공공임대주택으로, 철도부지, 유수지 등을 활용하여 교통이 편리한 곳에 주변지역 시세보다 저렴한 임차료로 공급하는 임대주택이다.

행복주택은 일반형과 산업단지형으로 구분하여 입주자격자별 공급 비율과 거주기간을 정하고 있다.[17] 일반형 행복주택은 80%를 대학생, 사회초년생, 신혼부부에게 공급하고 나머지 20%를 주거급여 수급자와 고령자에게 공급한다. 산업단지 또는 지원단지, 혹은 이와 인접지역에 건설되는 산업단지형 행복주택은 90%를 산업단지 근로자, 대학생, 사회초년생, 신혼부부에게 공급하고 10%를 고령자에게 공급한다. 행복주택 거주기간은 대학생, 취업준비생(재취업준비생 포함), 사회초년생, 산업단지 근로자는 최장 6년(산업단지 근로자는 2년씩 연장 가능), 신혼부부는 자녀 수에 따라서 최장 10년, 주거급여 수급자와 고령자는 20년 등 계층에 따라 다르다.

17) 공공주택 특별법 시행규칙 제17조와 별표 5.

청년세대의 행복주택 입주대상은 만19~39세 이하의 혼인 중이 아닌 무주택 청년이고, 그중 대학생과 취업준비생과 사회초년생에 대해서는 연령제한이 없다. 대학생과 취업준비생은 본인과 부모 소득합계가 도시근로자 월평균소득의 100% 이하인 경우, 사회초년생은 해당세대 소득합계가 도시근로자 월평균소득 100% 이하(본인은 80% 이하)의 소득기준에 해당할 때 입주대상이 된다. 행복주택에 입주하면 45㎡ 이하 규모의 주택에 시세의 70% 내외 임대료를 지불하고 거주할 수 있다.

(2) 전세임대주택

전세임대주택은 기존주택에 대해 전세계약을 체결하고 저렴하게 재임대하는 방식이다. 청년 입주대상은 도시근로자 평균소득 이하 가구의 대학생과 취업준비생이다. 대학생은 대학 소재지 이외의 시·군 출신 대학생으로 생계급여 또는 의료급여 수급가구, 보호대상 한부모가구, 월평균소득 70% 이하 장애인가구 대학생, 아동복지시설퇴소 대학생이 1순위 대상이다. 취업준비생의 경우는 대학 또는 고등(기술)학교를 졸업하거나 중퇴한 후 2년 이내의 준비생이다.

전세임대주택은 규모 85㎡ 이하(1인가구 경우 60㎡ 이하)의 주택을 대상으로 지역별 일정 전세금(수도권 8,000만 원, 광역시 6,000만 원, 그 외 지역 5,000만 원) 이하의 주택에 대한 전세임대를 지원한다. 한도 범위 내에서 전세금의 5%(입주자 희망 시 상향조정 가능)에 대한 임대보증금과 월임대료를 입주자가 부담하게 된다. 최초 임대기간은 2년이고 청년은 2회까지 재계약이 가능해 최장 6년까지 거주할 수 있다.

(3) 공공지원 민간임대주택

입주자격은 무주택자를 우선하며, 도시근로자 평균소득의 120% 이하인 만 19~39세 청년가구에 대해 특별공급이 이루어진다. 시세 대비 70~85%의 임대료로 거주할 수 있다.

3) 신혼부부를 위한 주거서비스

(1) 신혼특화형 공공임대주택 공급

① 영구임대 및 국민임대 신혼부부 우선공급

영구임대주택은 기본적으로 생계급여 또는 의료급여 수급자, 국가유공자, 일군위안부 피해자, 한부모가족 등 사회보호계층의 주거안정을 목적으로 하는 임대주택이다. 여기에 무주택가구면서 혼인기간 7년 이내의 신혼부부가 생계급여 또는 의료급여 수급자일 경우 우선공급의 대상이 된다. 신혼부부를 위한 공공임대주택 20만 호 공급계획을 추진하고 있다.

국민임대주택은 무주택 저소득층의 주거안정을 위해 공급하는 임대주택이다. 영구임대주택 우선공급과 같이 국민임대주택도 신혼부부에게 우선공급이 이루어진다. 입주대상은 도시근로자 가구 평균소득 70% 이하(전용면적 50㎡ 이하는 50% 이하)이면서 혼인기간 7년 이내 신혼부부 또는 예비신혼부부이다. 동일순위에서는 소득, 자녀수, 해당지역 거주기간 등을 점수화해서 입주자를 선정한다.

② 행복주택

신혼부부에 대한 행복주택 지원은 도시근로자 가구평균소득 100% 이하이면서 혼인 합산기간 7년 이내 또는 예비신혼부부인 무주택세대를 대상으로 한다. 전용면적 45㎡ 이하 주택에 대한 임대료는 시중시세의 80% 수준이며, 임대기간은 2년 단위로 계약을 체결한다.

③ 분양전환 임대 특별공급

분양전환 임대주택은 5년·10년 임대의무기간 동안 임대한 후 분양 전환하여 입주자가 우선 소유권을 이전받을 수 있는 공공임대주택이다. 신혼부부에 대한 특별공급은 도시근로자 가구평균소득 100% 이하(맞벌이는 120% 이하)이면서 혼인기간 7년 이내 또는 예비신혼부부인 무주택세대를 대상으로 한다. 국민임대주택과 마찬가지로 동일순위 경우에는 소득, 자녀수, 해당지역 거주기간 등을 기준으로 입주자를 선정한다. 신혼부부에 대한 특별공급은 공급물량의 30% 수준에서 이루어진다.

④ 신혼전용 매입임대

기존 매입임대 사업에 2018년에는 신혼부부 매입임대를 신규로 도입하였다. 도시근로자 가구 평균소득 80% 이하(50% 이하 우선공급)이면서 혼인기간 7년 이내 또는 예비신혼부부인 무주택세대를 입주대상으로 한다. 임대료는 시세의 30~50% 수준이고 최초 2년 계약 후 재계약 시 9회 추가 연장이 가능해 임대기간은 최장 20년이 될 수 있다.

⑤ 신혼부부 매입임대리츠

매입임대주택은 주택도시기금이 리츠[18]를 설립해 보증금과 기금으로 기존 주택을 매입한 후 한국토지주택공사(LH)에 위탁하여 임대주택으로 공급하는 방식이다. 10년간 임대료 상승 없는 조건으로 안정적인 주거를 위한 새로운 형태의 임대주택이다. 무주택세대 구성원으로 만 40세 미만이면서 도시근로자 가구월평균소득의 100% 이하(맞벌이는 120% 이하)의 소득기준에 해당하는 신혼

18) 리츠(REITs; Real Estate Investment Trusts)는 부동산투자신탁이다. 즉 투자자들로부터 자금을 모아 부동산이나 부동산 관련 자본·지분(Equity)에 투자하여 발생한 수익을 투자자에게 배당하는 회사나 투자신탁이다.

부부가 입주대상이다. 혼인기간은 7년 이내이고 예비신혼부부도 해당한다. 임대보증금은 1억~1억 5,000만 원(주택가격의 50% 수준), 월 임대료는 25만~30만 원 수준이고 10년간 임대료를 고정으로 유지한다.

⑥ 신혼부부 전세임대

신혼부부 전세임대는 도시근로자 가구평균소득 70% 이하(50% 이하 우선공급)이면서 혼인기간 7년 이내 또는 예비신혼부부인 무주택세대가 입주대상이다. 시세의 30~50%로 거주 가능하며 임대기간은 최초 2년 계약 후 9회까지 2년 단위로 재계약이 가능해 최장 20년 임대할 수 있다.

⑦ 공공지원주택

도시근로자 평균소득 120% 이하이면서 혼인기간 7년 이내 또는 예비신혼부부인 무주택세대가 입주대상이고 시세의 70~85%의 임대료로 거주할 수 있다. 최초 2년 계약 후 최대 8년 거주할 수 있다.

(2) 신혼희망타운(분양형) 공급

신혼희망타운은 도시근로자 평균소득 120% 이하이면서 혼인기간 7년 이내 신혼부부 또는 예비신혼부부인 무주택세대가 입주대상으로 7만 호(수도권 4.7만 호) 공급을 계획하고 있다. 공급유형은 입주 시 소유권을 취득하는 분양형과 10년간 임대 후 분양전환하는 임대형으로 구분된다. 초기부담의 경우 분양형은 주택가격의 30% 수준이고 임대형은 주택가격의 10~15% 수준이다. 신혼희망타운은 신혼부부 선호를 반영하여 설계가 이루어지고 타운 안에는 육아 및 교육부문에 특화된 서비스 제공이 이루어진다.

(3) 특별공급의 확대

분양주택 특별공급은 도시근로자 평균소득 100%(맞벌이 120%) 이하이면서 혼인기간 7년 이내 또는 예비신혼부부인 무주택세대가 대상이다. 공공분양주택 중에서는 30%(이전 15%), 민간분양주택 중에서는 20%(이전 10%) 비율로 신혼부부에게 특별공급이 이루어진다. 입주순위는 소득, 자녀수, 해당지역 거주기간 등을 기준으로 점수화해 선발한다.

5. 비주택거주자를 위한 주거서비스

1) 비주택과 비주택거주자의 현황[19)]

주거취약계층에 대한 명확한 사전적 의미는 없다. 주거취약계층이란 주거의 상황이 취약한 계층을 의미하는 말로 안정적인 주택 유무와 거주자의 생계 관점을 포괄한 기준으로 설명하고 있다. 통상 안정적으로 생활할 수 있는 거처가 없이 떠도는 무주택자 또는 홈리스, 거주하는 주택(임대주택)은 있으나 주거비의 부담이 커서 다른 기초생활에 어려움을 겪고 있는 주거비 지원대상, 주택의 물리적 수준이 최저주거지준에 미달하는 열악한 환경의 주택에서 생활하고 있는 사람, 주거약자, 주택이 아닌 비주택에서 생활하고 있는 자를 말한다.

주거빈곤도 명확한 사전적 정의는 없다. 주거취약계층과 마찬가지로 지하·반지하·옥탑방, 쪽방, 비닐하우스, 판잣집 등 적절하지 못한 주거환경이나 최저주거기준에 미달하는 주호, 과밀주거에 거주하는 등 물리적 거주환경이 열악한 상태, 점유의 안전성이 확보되지 못한 상태 등 전반적으로 주거권이 확보

---

19) 대체로 국토부(2018), 주택이외의 거처 주거실태조사 최종보고서를 참고로 재정리하였음.

되지 못한 상태를 의미한다고 볼 수 있다.

서울시의 '주거취약계층 주거지원'정책의 지원대상은 쪽방, 고시원, 여인숙 등에서 3개월 이상 거주하는 자, 범죄피해자, 최저주거기준에 미달하거나 침수피해 우려가 있는 반지하(지하층) 거주자이다.

비주택이란 사람이 거주하는 시설 중에서 주택으로 정의하는 범위에 속하지 않는 건축물을 의미한다. 포괄적으로 비주택의 범주에는 쪽방, 고시원, 여관·여인숙뿐만 아니라 비숙박용 다중이용업소나 컨테이너와 같은 거처, 반지하주택 등에 거주하는 주민들은 최저주거기준 미달가구에 해당하면서 우리 사회에서 가장 가난한 사람들이기 때문에 정부와 공기업, 지방자치단체가 나서서 최저주거기준의 적용을 통해 주거생활을 향상할 수 있도록 관련 서비스의 제공이 필요한 주거복지 대상이다.

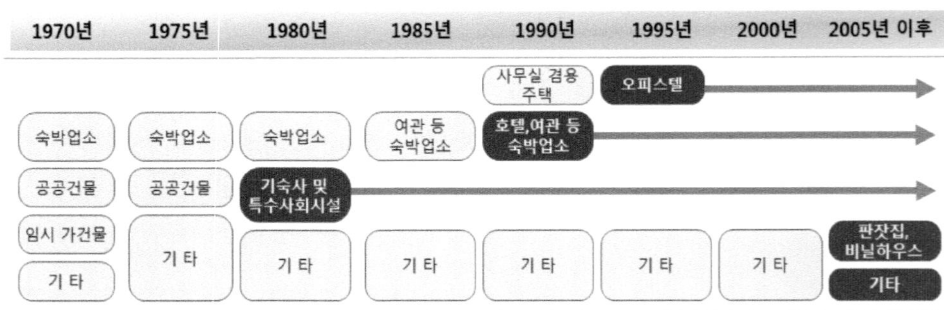

자료: 통계청, 인구주택총조사, 각 연도(http://www.kosis.kr).

그림 7-12 ▌ 주택이외의 거처 유형 구분 추이

표 7-24 ▌ 주택 및 주택이외의 거처 거주 가구 현황

연도	일반가구 수	주택 거주 가구	주택이외의 거처 거주 가구		
			소계	오피스텔	오피스텔 이외
2000년	14,311,807	14,227,454	84,353	–	–
2005년	15,887,128	15,670,271	216,857	159,791	57,066
2010년	17,339,422	16,985,480	353,942	224,884	129,058
2015년	19,111,030	18,397,044	713,986	320,194	393,792
2016년	19,367,696	18,597,608	770,088	367,150	402,938
(비중)					
2000년	100.00%	99.41%	0.59%	–	–
2005년	100.00%	98.64%	1.36%	1.01%	0.36%
2010년	100.00%	97.96%	2.04%	1.30%	0.74%
2015년	100.00%	96.26%	3.74%	1.68%	2.06%
2016년	100.00%	96.02%	3.98%	1.68%	2.30%

출처: 통계청, 가구주택총조사, 각 연도

2) 쪽방과 쪽방거주자

쪽방은 사회적 배제와 고립된 공간으로 기존의 주거형태와 다른 특징이 보임에도 불구하고 쪽방에 대한 명확한 정의의 법과 규정이 없으며, 쪽방상담소 지원이나 쪽방에 대한 조사 혹은 연구에 따라 기준을 정하고 정의를 내리고 있다. '쪽'이란 말이 '하나로 온전한 방이 쪽이 나서 나뉘게 되었다'라는 뜻을 지닌다는 것으로 유추할 때, 쪽방이란 '쪼개어 나눈 작은 방'이란 의미로 사용된다고 할 수 있다. 쪽방의 사전적 의미는 '방을 여러 개의 작은 크기로 나누어서 한두 사람 들어갈 크기로 만들어 놓는 방'이다.

법제처에서 운영하는 국가법령정보센터에서 '쪽방'을 검색하면 생활법령 9건, 행정규칙 1건에서 쪽방이 언급되어 있다. 생활법령에서는 노숙인복지, 기초생활보장, 소방안전관리, 범죄피해자 등에 관한 법령에서 노숙인, 취약계층, 임대주택의 입주, 소방안전관리, 범죄피해자지원, 임시주거비지원, 쪽방상담

소에 관련하여 쪽방이 언급되고 있으나 구체적으로 어떤 환경이 쪽방인지에 대한 언급은 없다.

〈주거취약계층 주거지원 업무처리지침〉은 쪽방·비닐하우스 거주가구등 최저주거기준 미달가구 지원 대책에 관한 것으로[20], 입주대상 첫 번째로 쪽방을 들고 있다. 그리고 고시원, 여인숙, 비닐하우스, 노숙인 시설, 컨테이너, 움막 등에 거주하는 사람을 주거취약계층으로 보고 있다. 즉 쪽방은 비주택의 한 종류로 보고 있으면서도 근린생활시설인 고시원이나 숙박시설인 여인숙과 같이 명확한 규정은 하지 않고 있다. 따라서 쪽방은 비주택중에서도 안전점검이나 관리 등의 측면에서 사각지대에 놓여있다.

표 7-25 ▌ 쪽방상담소의 쪽방정의

쪽방삼당소	쪽방 정의
서울역 쪽방삼당소	–최저주거기준 미만의 거처로서 부대시설(세면/취사/화장실 등)이 없는 경우가 많으며 보증금 없이 일세/월세를 지불하는 방을 말함 –보증금 없이 일세/월세를 지불하는 부대시설(세면/취사/화장실 등)이 없는 방으로서 독신/가족단위로 기거하며 직업이 없거나 비정규직과 같은 이직이 빈번한 직종에 종사하는 사람들이 이용하는 저렴한 주거공간을 의미함
대구 쪽방삼당소	–보증금 없이 일세 5,000~8,000원, 월 10~18만원을 지불하여 사용하며 1평 정도의 크기, 공동화장실, 방안에서 버너취사 등의 물리적 구조를 가진 방을 의미함 –독신남성, 건설노동자, 폐지수집, 근로무능력 수급자 등의 특성을 가진 거주자들이 불안정한 직업과 불규칙한 소득으로 소득에 비래 과도한 주거비용으로 방값 체납 시 노숙위기에 처하게 되는 열악한 주거환경을 의미함
부산진구 쪽방삼당소	–미혼, 이혼, 사별 등으로 인해 가정이 해체된 사람들과 장기간 실직, 신용불량 등으로 인한 경제적인 사정으로 정상적인 주거공간에서의 생활유지가 어려워 보증금 없이 일세, 월세를 지불하는 부대시설(세면/취사/화장실 등)이 없는 방으로서 독신, 가족단위로 기거를 하는 저렴한 주거공간 –부산시의 경우 주로 오래되고 낡은 숙박시설(여인숙, 여관)이 정상적인 숙박업소로 운영이 어려워지면서 1.5편에서 2평 정도의 방으로 개조하거나 과거 신발 하청공장들이 폐업을 한 공간을 쪽방으로 개조하여 장기방, 월세방으로 임대를 하고 있는 방을 말함

출처: 국토교통부(2018), 주택이외의 거처 주거실태조사 최종보고서, 2018.6.

20) 국토교통부 훈령 제1054호(시행 2018.7.25.).

표 7-26 ▌ 전국 쪽방상담소 현황(2016)

지역	시 설 명	쪽방 주민 수
서울(5개소)	동대문 쪽방상담센터	3,233
	남대문 지역상담센터	
	돈의동 사랑의쉼터	
	서울역 쪽방상담소	
	영등포 쪽방상담소	
부산(2개소)	동구 쪽방상담소	1,085
	부산진구 쪽방상담소	
대구(1개소)	대구 쪽방상담소	875
인천(1개소)	인천 내일을여는집 쪽방상담소	445
대전(1개소)	대전광역시 쪽방상담소	145

출처: 보건복지부. 2018년 노숙인 등의 복지사업 안내, p.343.

대체로 쪽방은 보증금 없이 일세·월세를 내는 부대시설(세면·취사·화장실 등)이 없는 방으로서 독신·가족단위로 기거를 하며 직업이 없거나 비정규직과 같은 이직이 강한 직종에 종사하는 사람들이 이용하는 저렴한 주거공간이다. 쪽방은 1인당 한 평 남짓한 열악한 주거환경이며, 열악한 부대시설로 이불빨래, 목욕, 부엌 등 생활시설의 사용에 어려움이 있다.

쪽방거주자 중 약 50%는 독거노인, 장애인, 만성질환자등 근로능력을 상실한 기초생활수급권자이며, 약 50%는 일용직 근로자나 행상을 하고 있다. 쪽방거주자는 고령 1인 가구가 많으며 가족과는 연락을 끊고 살거나 연락할 사람이 없으며, 혼자 생활한 기간이 약 25.4년으로 매우 오래되었다. 만성질환을 가진 사람이 많으며, 학력이 낮고 무직자 혹은 단순노무직종사자가 많다. 쪽방주민은 노숙 → 노숙인 쉼터 → 쪽방→ 매입임대주택 → 쪽방→ 노숙의 악순환이 반복되는 경우가 많아 잠재적 노숙자로 본다. 쪽방거주자는 신체적, 정신적, 경제적, 사회적으로 어려움을 겪고 있으며, 대부분 쪽방에서 지내며 지역사회와 고립된 생활을 하고 있어 지역사회 내에서 커뮤니티가 이뤄지고 있지 않다.

따라서 지역사회의 자원의 연계를 통해 쪽방과 근거리에 있는 공간, 시설, 인적, 지적 자원의 활용이 필요하다.

이같이 쪽방에 대해서는 아직 명확한 개념 정의조차 없어, 복지서비스의 지원 및 전달체계의 사각지대에 놓여있다. 숙박업으로 영업하고 있지 않아, 공중위생관리법의 적용을 받지 않으며, 과거 여관·여인숙으로 사용되다 쪽방이 된 일부 건물을 제외하고는 대부분 무허가 숙박업으로 운영되고 있다. 이렇게 합법과 불법을 판단할 기준조차 없이 애매한 공간에 사는 사람이 서울에만 3,296명(2018년 서울시 조사)이지만, 전문가들은 조사에 빠진 쪽방 수가 훨씬 많을 것으로 보고 있다.

표 7-27 ▌ 전국 쪽방 주민 수 추이

연도	2010년	2011년	2012년	2013년	2014년	2015년	2016년
쪽방 주민수	6,232	5,991	5,891	5,992	6,147	6,072	6,053

출처: 보건복지부. 2018년 노숙인 등의 복지사업 안내, p.151.

한편, 쪽방주민은 자립능력이 없거나 자립의지가 없는 사람이라는 이미지를 가지고 있어, 지역사회에서 배제되어 고립되고 있으며, 지역사회는 이들을 위한 지원에 부담을 느낀다. 그리고 쪽방주민의 입장에서는 인간다운 삶을 영위하고 싶으나 지역사회에서 소외되어 따뜻한 사랑과 관심이 필요하다고 생각한다. 그러므로 추가적인 부담 없이 쪽방주민의 삶의 질을 향상하기 위해서는 복지서비스 전달체계를 강화하여 지역자원의 활용을 극대화하는 것이 좋으며, 그 실현방법은 커뮤니티를 활성화하는 것이다. 커뮤니티 활성화는 쪽방거주자의 지역사회 소속감을 강화하고 경제적 자활에 도움을 줄 수 있기 때문이다.[21]

21) 안옥희 외(2018), 대구시 쪽방거주자의 커뮤니티 활성화를 위한 현장적용모델개발, 2018대학리빙랩프로젝트 최종보고서.

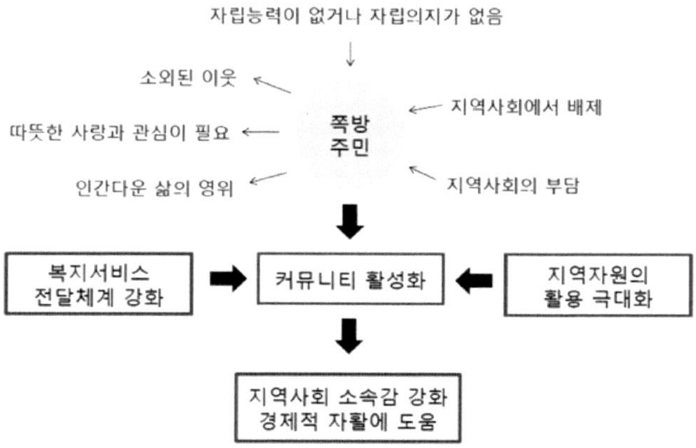

그림 7-13 ▌ 쪽방주민의 이미지와 커뮤니티 활성화

출처: 안옥희 외(2018), 대구시 쪽방거주자의 커뮤니티 활성화를 위한 현장적용 모델개발, 2018대학리빙랩프로젝트 최종보고서.

3) 고시원과 고시원거주자[22)]

서울에 고시촌이 등장한 것은 1980년대 초반이다. 관악구 신림동 고시촌을 중심으로 생겨나던 고시원은 1990년대로 접어들면서 다른 대학가 주변과 고시학원과 입시학원이 몰려 있는 노량진역 인근 등지로 퍼져나갔다. 그 후 1997년 IMF 외환위기를 계기로 하여 고시생들이 공부하는 장소이던 고시원이 저렴한 주거공간이 되기 시작하였다. 값싼 주거공간을 찾는 사람들이 고시원에 거주하기 시작했고, 지하철역을 중심으로 고시원이 늘어났다. 고시원 수는 2009년 6,597개에서 2016년 11,800개로 약 2배로 증가하였다. 지역별로 보면 서울이 5,868개(24.3%)로 가장 많으며, 서울을 포함한 수도권에 전체 고시원의 80.2%가 모여 있다. 소방재난본부의 2018년 기준 자료에 의하면 서울지역은 총 5,840개의 고시원이 운영 중이며 전국 11,892개의 약 49%를 차지하고 있다. 서

22) 대체로 국토부(2018), 주택이외의 거처 주거실태조사 최종보고서와 국가인권위원회(2018), 비주택주거실태 파악 및 제도개선 방안 최종보고서를 참고로 재정리하였음.

울시는 고시원 거주자에 대한 최저주거안전선을 마련하고, 주거환경개선, 화재 안전대책, 적정임대료 기준고시를 마련하기 위한 희망고시원추진 TF를 결성하였다(2012.3.21). 그러나 고시원 거주자들의 불안정한 주거와 일자리, 주거비 부담, 일용직 건설현장 등 비상시적 고용상태, 높은 실업, 낮은 소득수준 등 사실상 자활이 어려운 상황이다.

그런데 숙박업은 상업지역에서만 허락되는데, 제2종 근린생활시설인 고시원은 설치 범위가 훨씬 넓고, 규제가 거의 없는 자유업종이다. 이에 공부하는 장소인 고시원이 저렴한 거처로 급격하게 증가하였다. 고시원이 주거공간으로 이용되면서 고시원의 시설과 임대료가 다양해졌다. 3.3㎥ 전후의 한 사람이 겨우 누울 수 있는 고시원이 있는가 하면, 10㎥가 넘는 공간에 방음도 잘 되고 냉난방시설도 갖추어진 곳도 있으며, 임대료도 20만 원부터 50만 원이 넘는 경우까지 다양하다.

표 7-28 ▌ 고시원에 대한 법적 정의와 근거법

명칭과 분류	세부 정의	근거법
다중이용업소 중 고시원업	구획된 실(室)안에 학습자가 공부할 수 있는 시설을 갖추고 숙박 또는 숙식을 제공하는 형태의 영업	다중이용업소의 안전관리에 관한 특별법 시행령 제2조
제2종 근린생활시설 중 다중생활시설	다중생활시설(「다중이용업소의 안전관리에 관한 특별법」에 따른 다중이용업소 중 고시원업의 시설로서 국토교통부 장관이 고시하는 기준에 적합한 것) 해당 건축물에 해당 용도로 쓰는 바닥면적의 합계가 500㎡ 미만인 것	건축법 시행령 별표1. 제4호 거목
숙박시설 중 다중생활시설	상기의 제2종 근린생활시설에 해당하지 않는 바닥면접의 합계가 500㎡ 이상인 다중생활시설	건축법 시행령 별표1. 제15호 다목
준주택 중 다중생활시설	주택으로 분류되고 있지 않으나 주거용으로 활용이 가능한 기숙사, 오피스텔, 노인복지시설, 제2종 근린생활시설에 해당하는 다중생활시설을 말함	주택법 제2조 및 동법 시행령 제4조

출처: 국토부(2018), 주택이외의 거처 주거실태조사 최종보고서, 2018.6

표 7-29 ▌ 다중생활시설 건축기준

<table>
<tr><th>구분</th><th colspan="2">건축 기준</th></tr>
<tr><td>재실자의 쾌적한 거주환경 보호</td><td colspan="2">• 다중생활시설의 지하층 입지를 제한
• 공용시설(세탁실, 휴게실, 취사시설)을 설치</td></tr>
<tr><td>안전과 피난을 고려한 기준 적용</td><td colspan="2">• 복도 최소폭을 규정(편복도 1.2m, 중복도 1.5m)하고, 바닥으로부터 1.2m 이하부분에 창문등이 있는 경우 추락방지 시설 설치</td></tr>
<tr><td>주거시설과의 구분을 위해 독립된 주거형태·구조 제한</td><td colspan="2">• 실별 욕조 금지(샤워부스 가능), 취사시설 설치 금지, 노대(발코니) 설치 금지
• 개별실은 집한건축물로 구분 및 전환 불가</td></tr>
<tr><td rowspan="3">그 밖에 건축법령에서 정한 피난·방화 및 차음기준과 범죄예방기준 등을 따르도록 명시</td><td>피난 및 방화기준</td><td>• 6층 이상 다중생활시설은 배연설비 설치 의무화
• 다중생활시설은 단독주택(다중주택, 다가구주택), 공동주택, 조산원 또는 산후 조리원과 같이 설치 금지
• 호실 간 경계벽은 내화구조
• 건축물의 2층에 설치되는 다중생활시설로서 바닥 면적의 합계가 400㎡ 이상인 주요구조부는 내화구조 등</td></tr>
<tr><td>차음 기준</td><td>• 철근콘트리트조·철골철근콘크리트조 두께가 10㎝ 이상인 것
• 무근콘크리트조 또는 석조로 두께가 10㎝ 이상인 것
• 콘크리트블록조 또는 벽돌조로 두께가 19㎝ 이상인 것</td></tr>
<tr><td>범죄예방 기준</td><td>CCTV 설치, 출입자통제시스템 설치 등</td></tr>
</table>

출처: 다중생활시설 건축기준(국토부, 2015.12.4. 시행)

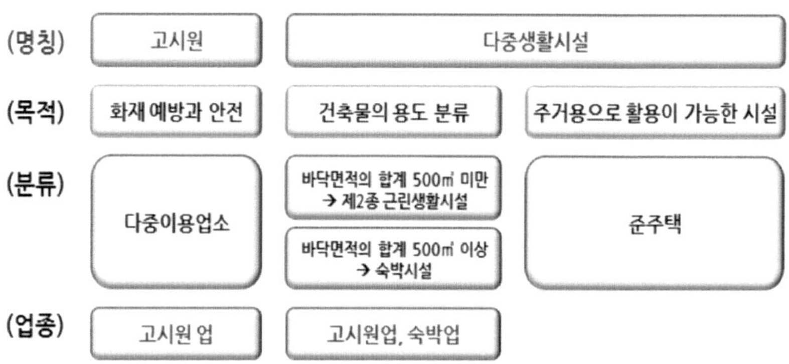

그림 7-14 ▌ 고시원의 다의적 분류와 업종 구분

관리 사각지대인 고시원에서 2008년 화재로 사망사고가 발생하여 고시원에 대한 규제 필요성이 사회적으로 대두되었다. 이에 2009년에 고시원을 다중이용업소로 규정하고 화재에 대한 규제를 적용하도록 법을 개정하였다. 2011년 개정된 〈다중이용업소의 안전관리에 관한 특별법 시행규칙〉에 의하면 고시원업은 구획된 실 안에 학습자가 공부할 수 있는 시설을 갖추고 숙박 또는 숙식을 제공하는 형태의 영업으로 규정하고 있다.

국가인권위원회의 조사[23]에 따르면, 고시원의 경우 이동성이 높은 청년 가구 거주 비율이 높으며, 해당 거처를 장기적인 주거로 인식하기보다는 안정된 일자리를 구하거나 보증금으로 쓸 수 있는 목돈이 마련되기 전까지의 임시 거처로 생각하는 경우가 많다. 그러나 임시로 잠깐만 거주한다는 생각으로 고시원 거주를 시작하지만 6개월 이상 혹은 수년씩 장기 거주하기도 한다. 고시원은 보통 15가구 정도가 한 층에 있으며, 한두 개의 화장실과 목욕시설만 갖추고 있고, 화장실의 성별 분리가 되지 않아 사용하기 불편하다. 화장실과 목욕시설이 개별실 내부에 설치된 고시원은 다른 조건이 같더라도 월세가 10만 원 이상 비싼 경우가 많다. 그리고 세탁을 위한 별도의 공간이 거의 없으며 공용세탁기가 있어도 수가 부족하거나 성능이 낮아 이용이 불편하다. 공동 부엌은 청결하게 유지되지 않는 경우가 있어 이용을 기피하기도 하고, 여성전용 고시원은 남녀 혼용 고시원보다 월세가 10만 원 가까이 비싸다.

고시원의 열악한 주거환경은 육체 건강은 물론 정신 건강에도 영향을 주고 있는데, 우울증, 울화, 공황장애, 고립감 등을 호소하는 경우가 많다. 특히 좁은 공간에 많은 사람과 함께 살지만, 타인에 대한 경계가 심하며 익명성 보장을 원하기 때문에 이웃과의 관계 맺기를 원하지 않는 분위기가 있어 서로 마주쳐도 인사를 안 할 정도로 교류가 없는 곳이 많다. 특히 청년들이 정신건강에

23) 국가인권위원회(2018), 비주택주거실태 파악 및 제도개선 방안 최종보고서, 2018.11.

있어서의 어려움을 호소하는 경우가 많으며, 밀집된 환경에서 생활하기 때문에 이웃 간의 사소한 문제로 인한 갈등도 빈번히 발생한다. 저렴한 고시원에는 외국인 가구도 많아 문화적인 차이와 의사소통의 불편함으로 이웃 간의 교류가 적다.

고시원은 좁고 열악한 주거환경임에도 불구하고 주거비 부담이 높아, 주거비 부담 경감 지원과 주거환경 개선을 위한 규제 강화가 필요하다. 위치적 이점 때문에 거주하는 가구가 많다는 점을 고려해 도심 매입·전세 임대주택, 고시원 공공리모델링사업 등의 지원 방안을 마련하고, 공공임대주택으로의 이동 시 보증금이 진입장벽으로 작용할 수 있어, 보증금 경감 및 보증금의 월세 전환 선택권 강화가 수반되어야 한다. 그리고 양질의 민간임대주택으로의 이동을 위해 보증금 대출 지원을 시행하고, 주거비 부담이 높은 가구에 대한 주거급여 지원을 강화하여야 한다. 또한 면적과 소음 등에 대한 규제 강화와 주거환경 개선에 대해 지원할 필요가 있다.

4) 비닐하우스와 비닐하우스거주자[24)]

비닐하우스는 농지, 공원 또는 나대지에 비닐이나 판자로 기본적인 골격만을 갖춘 열악한 거처이다. 비닐하우스촌은 1980년대 이후 도시 빈민들이 집단으로 이주하면서 형성된 곳이 많다. 2015년 인구주택총조사에 따르면 비닐하우스에 거주하는 가구는 전국적으로 11,409가구이며 절반 이상이 수도권에 있다.

비닐하우스 거주가구는 서울의 경우 총 4,800여 가구로 약 15,000여 명이 거주하고 있는 것으로 추정하고 있다. 마을주민들의 평균 거주연수가 20년 이상으로서 주거를 목적으로 거주하고 있는 사람들이 큰 비중을 차지하고 있다.

24) 대체로 국토부(2018), 주택이외의 거처 주거실태조사 최종보고서의 내용과 국가인권위원회(2018), 비주택주거실태 파악 및 제도개선 방안 최종보고서를 참고로 재정리하였음.

토지현황을 보면 40%가 사유지에 있고, 17%가 사유지와 시유지가 섞인 곳에, 나머지 43%가 시유지에 거주하고 있다. 시유지는 공원부지인 경우도 있으나 대부분이 체비지이다. 소유자가 따로 있거나 국공유지에 지어진 무허가 거처가 많으며, 주민등록 이전이 힘든 곳이 많다. 상하수도와 같은 기반시설이 없어 거주환경이 매우 열악한 지역도 있고, 대부분 영구적인 건물이 아니고, 인화성이 높은 재질로 지어져 있는 경우가 많아 화재 발생의 우려가 크다. 비닐하우스는 주요 재질이 인화성이 높은 비닐, 판자, 부직포 등이며, 좁은 공간에 밀집해 있고 전기시설도 제대로 갖추지 못해 대형화재 발생 위험이 크다. 서울의 최대 비닐하우스 판자촌인 강남구 구룡마을에는 2012~2017년 8차례의 화재가 있었고 200여 명의 이재민이 발생하였다.

그리고 개발사업으로 인한 강제퇴거의 위협이 존재한다. 과거에는 주민등록이 되지 않아 근처 학교에 배정을 받지 못하는 경우가 많았다. 특히, 과천 비닐하우스촌은 상하수도관 시설이 없어 목욕이나 세탁을 위한 물뿐 아니라 깨끗한 식수조차 공급받지 못하고 있으며, 하수도 시설이 되어 있지 않아 오물 처리에 어려움을 겪고 있다. 도시가스 공급을 받지 못하고 대부분 LPG 가스를 사용하고 있는데, 가격 부담으로 취사와 난방을 위해 충분히 사용하지 못한다.

6. 특수환경의 거주자를 위한 주거서비스

1) 다문화가정과 외국인거주자[25)]

다문화가구란 귀화자가 있는 가구 또는 외국인이 한국인(귀화자 포함) 배우

25) 대체로 국가인권위원회(2018), 비주택주거실태 파악 및 제도개선 방안 최종보고서를 정리하였음.

자와의 혼인으로 이루어진 가구 또는 그 자녀가 포함된 가구이다. 2018년 다문화가구는 33만 5천 가구로 2017년(31만 9천 가구)에 비해 1만 6천 가구(5.0%) 증가하였다. 그중 내국인(출생)+외국인(결혼이민자)가구는 12만 가구며 가구원은 39만 3천 명으로 가장 많고, 내국인(출생)+내국인(귀화)가구는 7만 7천 가구, 가구원은 28만 5천 명 순이다. 전년 대비 내국인(출생)+다문화자녀 가구는 5천 가구(19.2%) 증가하였다.

외국인 상주인구는 2019년 현재 1,322만 6천 명으로 전년 대비 21만 8천 명(1.7%)이 증가하였다. 상주 외국인의 체류자격은 재외동포(23.6%), 비전문취업인(19.7%) 순으로 많다. 2018년 대비로 보면 유학생이 18% 증가하여 가장 두드러진 증가세를 보인다.

지역별 외국인 거주자(15세 이상 인구)는 수도권에 63.2%, 비수도권에 36.8%가 살고 있다. 수도권의 경우 인천 및 경기도(40.2%) 지역에 가장 많이 거주하고 있으며, 비수도권에서는 대전·충청·세종에 10.7%가 거주하고 있다. 2019년 현재 전년 대비 증감률이 가장 많은 지역은 광주·전남·전북 지역으로 작년보다 6.0% 증가하였고, 반면 서울지역의 경우 전년보다 1.1% 줄어들었다.

외국인은 2인가구(29.9%) 형태에 가장 많이 거주하며, 평균가구원 수는 2.8명이다. 거처의 종류는 일반주택(76만 8천 명, 58.1%)이 가장 많고, 점유형태는 전·월세(76만 9천 명, 58.1%)가 가장 많았다. 일반주택을 제외하면 남자외국인은 기숙사(15만 5천 명, 20.6%)에, 여자외국인은 아파트(12만 9천 명, 22.7%)에 많이 거주한다. 현재 거주지에 거주하는 이유는 '가족 또는 동료와 함께 거주(27.2%)'가 가장 많고, '취업(25.2%)', '기타(10.7%)' 순이었으며, 소득 중 주거비에 지출하는 비율은 13.2%였다.

다문화가정의 유형의 유형은 크게 두 가지이다.

첫째, 외국인 이주 노동자 가정이다. 외국인 노동자의 유입은 1991년부터 실시한 '해외투자기업연수생 제도' 및 1993년에 실시된 '산업 연수생 제도'가 계기였다. 2019년 5월 기준 15세 이상 국내 상주 외국인은 132만 3천 명으로 전년 대비 2만 2천 명(1.7%) 증가하였다. 체류자격별로 유학생(2만 2천 명, 18.0%), 재외동포(6천 명, 1.9%), 전문인력(1천 명, 3.8%), 결혼이민(1천 명, 1.0%), 기타(2천 명, 1.5%)에서 증가하였다. 산업별로는 전년대비 농림어업(3천 명, 5.3%), 도소매 · 음식 · 숙박업(1천 명, 0.8%)에서 증가하고, 건설업(-1만 6천 명, -14.2%), 광 · 제조업(-6천 명, -1.4%), 사업 · 개인 · 공공서비스(-4천 명, -2.5%) 등은 감소하였다. 외국인 이주 노동자들을 구성원으로 하는 다문화가정은 1980년대 이후부터 한국의 경제 규모가 확대됨에 따라 급격히 늘어나게 되었다. 저출산과 고령화에 따른 생산 가능 인구의 감소와 근무환경과 조건이 열악했지만 위험에 노출되기 쉬운 이른바 3D(Dirty, Difficult, Dangerous) 업종에 대한 국내 노동자들의 기피 현상으로 인해 외국인 이주 노동자 가정은 지속해서 증가하고 있다.

둘째는 결혼이민자가정이다. 우리나라에서 국제결혼이 늘어난 것은 사회 전체의 고학력화, 여성의 경제활동 참가율 증가, 결혼연령 상승 및 만혼과 독신의 증가 등으로 한국의 남성이 국내에서 배우자를 구하지 못하는 현상이 발생하면서 비롯되었다. 특히, 농어촌과 도시 저소득층에 속하여 경제력이 상대적으로 약한 남성들의 경우 국내 여성과의 결혼이 어려워지면서 중국의 조선족을 비롯한 아시아 여성들과의 결혼이 늘어나고 있다.

체류 외국인이 증가하는 가운데, 사업주가 농장, 어장 등 일터의 일부 공간에 비닐하우스나 가건물을 지어 이주민의 거처로 사용하는 경우가 증가하고 있다. 2013년 국가인권위원회의 농축산업 이주노동자 인권 상황 실태조사에 따르면, 조사 대상 노동자 전원이 사용자가 제공하는 기숙사에 살고 있었는데, 숙소의 70% 이상이 비닐하우스, 컨테이너, 판넬 등으로 지어진 가건물이다. 즉 적절한 시설을 갖추지 못한 공장이나 농장의 컨테이너, 비닐하우스 등에 거주하고 있다. 또한 사업장에 종속된 거처에 머물러야 하고 언어소통과 문화적 차이의 어려움으로 의식주와 관련된 모든 것을 사업주에 의지해야 하므로 실질적인 거주·이전의 자유와 사생활 보호의 권리를 충분히 보장받지 못하고 있다. 거처에 상하수도·전기·가스 등의 기반시설이 갖추어지지 않은 것은 물론, 주변에 식료품을 얻을 수 있는 유통시설이 없으며 대중교통이 잘 닿지 않는 지역에 있어 의료시설이나 문화시설과도 접하기 어려운 상황이다.

사업주가 제공하는 일터의 일부 공간을 활용한 거처 중에는 숙식비를 임금에서 차감하는 경우가 많은데, 최소한의 주거기준 없이 거처의 수준에 비해 과도한 비용을 지불하기도 한다. 일터의 일부 공간에 거주하는 이주민들은 그들의 열악한 법적 지위 때문에 주거정책의 사각지대에 놓여있다.

2017년 고용노동부에서 마련한 '숙식비 지침'은 사업주가 임금에서 숙식비를 차감하되, 통상 임금을 기준으로 숙식비의 상한을 정하고 있다. 그러나 숙식비 지침에는 숙소에 대한 기준이 없어 숙소의 질에 비해 높은 비용을 지불할 가능성이 크고, 적절한 주거생활을 영위하기 어려울 수 있다. 주거권을 명시한 〈주거기본법〉의 적용대상을 국민으로 한정하기 때문에 국적을 변경하지 않은 이주민들은 주거복지 프로그램에 접근하는 것이 원천적으로 불가능하다. 〈긴급복지지원법〉 역시 임시거소를 제공하거나 이에 해당하는 비용을 지원하는 대상도 국민으로 한정하고 있으며, 외국인에 대해서는 특례를 두어 매우 좁은 범위에만 인정하고 있다.

이주민들은 국민이 아니라는 이유로, 각종 주거복지 정책 대상에서 배제되어 있는데, 이는 국제인권법을 위배하는 것이다. 이주노동자들의 주거권보장을 위해 'UN 이주노동자권리협약'을 비준하고, 고용노동부는 숙소에 관하여 국제기준에 부합하는 기준을 마련하고 정기적으로 관리·감독해야 한다.

2) 노숙인

노숙인은 ① 상당한 동안 일정한 주거 없이 생활하는 사람(거리 노숙인), ② 노숙인 시설을 이용하거나 상당한 동안 노숙인 시설에서 생활하는 사람(시설 노숙인), ③ 상당한 동안 주거로서의 적절성이 현저히 낮은 곳에서 생활하는 사람(만화방, 사우나, PC방, 쪽방 생활자 등)으로 구분된다.[26]

노숙인은 주로 경제적 빈곤으로 인하여 정해진 주거 없이 공원, 길거리, 지하철 등을 거처로 삼는 도시에서 생활환경이 제일 열악한 빈민 계급을 말한다. 일정한 거주지가 없으므로 홈리스(homeless)라고도 한다. 2016년 10월 현재 노숙인 수는 1만 1,340명으로, 이 중 거리노숙인은 1,522명, 이용시설(일시보호시설)노숙인 493명, 생활시설(자활 · 재활 · 요양)노숙인 9,325명이다. 노숙인 중 남성이 73.5%, 여성이 25.8%를 차지하며, 생활시설노숙인은 50대(33.4%), 60대(27.5%), 40대(17.8%), 70대(11.1%) 순으로 많다. 노숙 이전에는 주택(89.7%)에서 가장 많이 거주하였으며, 비정형주거(쪽방, 고시원, 비닐하우스 등) 4.6%, 병원·사회복지시설 3.8% 등이었다. 또한 노숙 이후에는 노숙인생활시설에 가장 많이 거주하였으며(73.9%), 그다음으로는 거리(15.2%), 비정형주거(4.3%) 등 이었다. 거리노숙인이 시설을 이용하지 않는 이유는 '단체생활과 규칙 때문에', '실내공간이 답답해서'이다. 여성노숙인의 경우는 '잘 몰라서', '단체생활과 규칙 때문에'라고 대답하는 사례가 많았다.[27]

노숙인 지원센터나 복지시설의 운영을 통해 자립을 지원하기도 하는데, 이는 노숙인들이 노숙 과정에서 경험하는 신체적 · 정신적 장애, 음주 문제뿐만 아니라 학습된 무기력, 사회적 연계단절 등 부적절한 심리 사회적 기능으로부터 재활이 필요하기 때문이며, 더 나아가 노숙인의 심신치료와 기능을 향상함

26) 노숙인 등의 복지 및 자립 지원에 관한 법률 제2조.
27) 2016년 노숙인 등의 실태조사 보도자료(2017).

으로 사회로 재진입시키기 위한 장치이다.

표 7-30 ▌ 노숙인복지시설의 종류와 사업내용

종류	사업내용 및 기준
1. 노숙인일시 보호시설	노숙인 등에 대한 일시적인 잠자리 제공, 급식 제공, 응급처치 등 일시보호 기능을 주로 수행하면서 종합지원센터에 상담 의뢰, 병원진료 연계, 생활물자 지원·보관 등 부가적 서비스를 제공
2. 노숙인자활시설	건강상에 특별한 문제가 없고 일할 의지 및 직업능력이 있는 노숙인 등을 입소시켜 생활지도·상담·안전관리 또는 전문적인 직업상담·훈련 등의 복지서비스를 직접 제공하거나 직업훈련기관 또는 고용지원기관 등과의 연계를 통해 노숙인 등의 자활·자립을 지원
3. 노숙인재활시설	신체장애, 정신장애, 그 밖의 질환 등으로 인하여 자립이 어렵고 치료와 보호가 필요한 노숙인 등을 입소시켜 치료 및 각종 재활프로그램을 제공하고 사회적응훈련을 실시함으로써 노숙인 등의 신체적·정신적 재활을 통한 자립기반 조성을 지원
4. 노숙인요양시설	건강상의 문제 등으로 인하여 단기간 내 가정 및 사회복귀가 어려운 노숙인 등을 입소시켜 상담·치료 또는 요양서비스를 제공
5. 노숙인급식시설	노숙인 등에게 필요한 급식서비스를 제공
6. 노숙인진료시설	노숙인 등에 대한 진단·치료·재활 등 의료서비스를 제공
7. 쪽방상담소	쪽방밀집지역에서 쪽방거주자에 대한 상담, 취업지원, 생계지원, 그 밖의 행정지원 서비스를 제공

출처: 노숙인 등의 복지 및 자립지원에 관한 법률 시행규칙 별표 2.

참고문헌

경향신문, 2020 고시원탐사기, 2020.10.27.
경향신문, 주거가 방역이다, 2020.12.14.2.
국가인권위원회(2018), 비주택주거실태 파악 및 제도개선 방안 최종보고서.
국가인권위원회(2019), 빈곤청년 인권상황 실태조사.
국토교통부(2017), 주거복지로드맵.
국토교통부(2018), 주택이외의 거처 주거실태조사 최종보고서.
국토교통부(2020), 2019년도 주거실태조사.
국토교통부(2020), 주거실태조사 보도자료.
국토교통부 · 한국장애인개발원(2019), 장애인 편의시설 상세표준도.
국토해양부 공고 제2011-491호.
권오정 외 9인(2020), 2020 개정판 주거복지총론, ㈜이테시스.
김광준 외(2017), 고령화:과학에서 해답을 찾다, 이슈페이퍼 2017-05.
김미희(2018), 연속보호체계형 은퇴주거단지 내 지역사회 연계형 공용공간의 계획과 디자인. 한국주거학회논문집, 29(6), 47-48.
김승근 외(2019), 농촌지역 취약계층의 주택수선 현황, 한국농촌건축학회논문집, 21(2), 1-10.
김태완 외 12인(2009), 농어촌의 보건복지 수준에 대한 실태조사 연구, 한국보건사회연구원.
노숙인 등의 복지 및 자립지원에 관한 법률 시행규칙 별표 2.
노인복지법.
농어촌마을 주거환경 개선 및 리모델링 촉진을 위한 특별법.
농업 · 농촌 및 식품산업 기본법.
농촌주택표준설계자료.
뉴스1, 부산 기장군 비닐하우스 화재, 2020.2.15.
보건복지부(2018), 2017년 장애인 실태조사.
보건복지부, 한국장애인개발원(2019), 장애인편의시설 상세표준도.
복지로, http://bokjiro.go.kr
사회보장정보원(2020), 2020 나에게 힘이 되는 복지서비스.
상형종 역(1992), 노인과 주거, 산업도서출판공사.

서울시립다시서기종합지원센터(2020), 2019 다시서기사업보고서.
서종균 외(2009), 비주택거주민 인권상황 실태조사, 국가인권위원회 용역보고서.
수산업·어촌 발전기본법.
시사IN, 폭우가 내려야 비로소 보이는 그들의 비닐집, 2020.9.18.
안옥희 외 2인(2002), 개정 주거인간공학, 기문당.
안옥희 외(2018), 대구시 쪽방거주자의 커뮤니티 활성화를 위한 현장적용모델개발, 2018대학리빙랩프로젝트 최종보고서.
연합뉴스, 2020.11.23.
연합뉴스, 쪽방촌의 힘겨운 겨울나기, 2020.12.17.
이용민, 권오정(2018), 특수계층과 주거, ㈜이테시스.
장애인·고령자 등 주거약자 지원에 관한 법률 시행령 별표 1, 별표 2.
장애인·노인·임산부 등의 편의증진 보장에 관한 법률 시행령 별표 1, 별표 2.
장애인복지법 시행규칙 별표 4.
장애인복지법 시행령 별표 1.
통계청(2020), 국내이동통계.
통계청(2020), 인구총조사.
통계청(2020), 통계로 본 농업의 구조변화.
한계레신문, 국일고시원화재, 2020.12.17.
한국일보, 지옥고아래 쪽방, 2019.5.8.
한국임상사회사업학회(2017), 노인복지론, 양서원.

저자약력

▶ **안옥희**

일본 국립나라여자대학 대학원 생활환경학 전공(Ph.D. 학술박사)
주택관리공단 사장 역임(2015.1~2018.1)
한국주거학회 학회장 역임(2019.4~2020.3)
국토정책위원회 민간위원 역임(2018.12~2020.12)
영남대학교 생활과학대학 가족주거학과 교수

주거복지론

초판발행 2021년 3월 5일 **1판 1쇄 인쇄** | 2021년 3월 10일 **1판 1쇄 발행**

지은이 안옥희
펴낸이 최용구 | **펴낸곳** 도서출판 **신정**
주소 (04316) 서울시 용산구 원효로 89길 19(원효로1가)
전화 02)3211-4782, 0266(영업부), 3211-4783(편집부), 3211-4784(팩스)
이메일 shinjeong72@naver.com | **홈페이지** www.sjbook.co.kr
등록 2001년 5월 11일 제13-702호
기획마케팅 최용구 장만동 최충구 진소희 | **책임편집** 석기은 황가연

ISBN 978-89-5912-755-9 93590
정가 13,000원